AF590964

NOUVELLE

Sélamographie.

LANGAGE

ALLEGORIQUE OU SYMBOLIQUE

DES FLEURS,

DES ANIMAUX, DES FRUITS

DES COULEURS, etc

SELAMOGRAPHIE.

Cet ouvrage est utile aux personnes qui s'amusent du dessin ou qui s'occupent de la broderie, et à celles qui désirent faire emploi du langage des Fleurs, pour exprimer leurs sentiments de respect, de reconnaissance, d'amour, d'estime ou d'amitié, ou qui veulent en faire usage pour exprimer les passions contraires qui les animent.

Bro del — *Desaulx A F* — *Aubert P.re Sc*

Le Pavillon

NOUVELLE

SÉLAMOGRAPHIE.

LANGAGE ALLEGORIQUE,

EMBLÉMATIQUE OU SYMBOLIQUE

DES FLEURS ET DES FRUITS,

DES ANIMAUX, DES COULEURS, ETC.

OUVRAGE DÉDIÉ AUX DAMES,

Par DE ROUALE.

PARIS,

Chez DELARUE, Libraire-Editeur, quai des Augustins, 11.

1843

LILLE. — TYP. DE BLOCQUEL-CASTIAUX.

D'une fenêtre à l'autre on nous dit fleurs discrètes,
Qu'aux amours musulmans vous servez d'interprètes.

Avis de l'Editeur.

La SÉLAMOGRAPHIE est la science ou l'art de former des bouquets ou des réunions de fleurs ou d'autres objets ayant chacune une signification spéciale qui varie selon que ces objets sont seuls ou accompagnés. On nomme *Sélam* les bouquets formés dans l'intention de faire connaître sa passion à l'objet aimé, lorsqu'on craint la surveillance d'autres personnes.

Le langage des fleurs est connu de presque tous les peuples. Les unes, consacrées à de tendres et douloureux souvenirs, servent d'aliment à la mélancolie; d'autres, et c'est le plus grand nombre, rappellent des idées de gloire et de bonheur, on composent une langue mystérieuse à l'usage des amans, comme l'a très-bien dit M. Dupaty.

Au sein d'une fleur tour-à-tour,
Une heureuse image est placée;

Dans un Myrte, on croit voir l'amour,
Un souvenir dans la Pensée,
La douce paix dans l'Olivier,
L'espoir dans l'Iris demi-close,
La victoire dans un Laurier,
Une femme dans une Rose.

En Orient, la beauté captive a recours à l'ingénieux *Sélam* pour s'entretenir avec l'ami du cœur en dépit des verroux et des argus (1).

Le petit recueil que nous publions aujourd'hui est spécialement destiné aux Dames. Dans les fleurs qui sont en droit de leur plaire, elles retrouvent la vive image de la beauté, de la grâce et de la fraîcheur, et, comme chacun sait, il est naturel d'aimer ce qui nous ressemble.

M. Dupaty, que nous citerons encore, a dit, d'une femme sensible et craintive :

C'est une fleur à peine éclose,
Qui tient un peu du Lys pour la fierté,
Pour la fraîcheur de la Rose ;
Du Tournesol pour la mobilité ;
Mais par malheur un peu trop vive,
Légère comme le zéphir,
Elle tient de la Sensitive,
Et fuit dès qu'on veut la cueillir.

---

(1) *Les fleurs, les fruits, les bois, les aromates, les soies, l'or, l'argent, les couleurs, les étoffes, enfin presque toutes les choses qui servent au commerce de la vie, entrent chez les Turcs dans celui de l'amour; ils appellent cela* Sélam, *c'est-à-dire salut. Un petit paquet gros comme le pouce, si l'on a égard à ce qu'il renferme, compose un discours fort expressif qui s'entend par l'interprétation du nom de chaque chose que l'on envoie.*

Enfin l'idée de la beauté est tellement liée à celle des fleurs qu'il est presque impossible de les séparer. De là, ce mot si connu de François 1.er. *Une cour sans femmes ressemble à un printemps sans roses.*

Comme il n'est pas toujours facile de se procurer les fleurs dont on aurait besoin pour exprimer les sentiments dont on est animé, et qu'on veut faire connaître par une allégorie, on a vu quelques personnes y suppléer en écrivant le nom des fleurs qu'elles auraient employées pour former leur bouquet, si elles les avaient eues à leur disposition.

EXEMPLE.

Euphorbe réveil-matin, Hélianthe à grandes fleurs, Fusain, Ornithogale pyramidale, Myosotis ou Achillée Mille-feuilles.

Ce qui littéralement veut dire :

J'ai perdu le repos, mes yeux ne voient que vous, votre image est tracée dans mon cœur, ma tendresse est pure, aimez-moi comme je vous aime ou guérissez-moi.

AUTRE EXEMPLE pour servir de réponse.

Phytolacca , Rosier églantier , Julienne maritime , Genêt d'Espagne , Jasmin Jonquille.

Ce qui littéralement veut dire :

Calmez-vous, vous persuadez mon cœur, je vous vois avec plaisir, je sais apprécier vos talens, je vous aime.

Nos lecteurs remarqueront sans doute qu'on peut donner à la traduction d'un bouquet allégorique, une élégance que ne comporte pas l'explication littérale de chacune des fleurs dont il est composé. Nous croyons inutile de donner un exemple de cette espèce d'amplification, qui tient absolument à la manière de sentir des deux correspondants, et aux rapports habituels qu'ils ont entre eux.

Dans la langue de Flore, il y a des plantes qui signifient différentes choses, comme dans celle des hommes, il y a des mots qui ont plusieurs acceptions ; c'est à l'intelligence de celui qui forme ou qui reçoit le bouquet, d'attribuer à la fleur la signification qui lui convient, suivant les autres fleurs dont elle est accompagnée.

Nous dirons encore que, pour former le pluriel, on double la fleur ou l'objet ; que pour indiquer l'un des pronoms personnels, on attache à la tige de la fleur ou à l'objet qu'il concerne (non au bouquet) un fil ou lien quelconque, présentant, après la ligature, deux bouts inégaux. Alors pour représenter *moi* ou *nous*, on fait un nœud à l'extrémité du petit bout du lien; pour représenter *toi ou vous*, on fait un nœud à l'extrémité du bout le plus long, et pour représenter *lui*, *elle*, *eux ou elles*, on fait un nœud à la naissance de l'un ou l'autre bout: n'omettons pas de faire connaître qu'il faut doubler le lien, pour indiquer l'un des pluriels *nous*, *vous*, *eux ou elles*.

Pour le langage des couleurs on emploie des rubans, qu'on attache à un brin de paille ou d'osier qui tient lieu de la tige d'une fleur, et les nœuds qu'on fait à ces rubans remplacent les pronoms personnels, ainsi et de la même manière que nous venons de l'indiquer pour le langage des fleurs.

Puisse ce petit ouvrage, fruit d'un grand nombre de recherches, obtenir le suffrage du beau sexe auquel nous le dédions, et nous aurons atteint le but que nous nous proposons.

CALENDRIER

DE FLORE.

FLEURS QUI SE MONTRENT EN JANVIER.

L'Ellébore noir. — L'Œillet des bois. — Quelques Bruyères.

FLEURS QUI SE VOIENT EN FEVRIER.

L'Aulne. — Le Noisettier. — Le Galanth

d'hiver. — Le Bois gentil. — L'Elléborine. — Le Saule Marceau.

FLEURS QUI S'EPANOUISSENT EN MARS.

L'Abricotier. — L'Amandier. — L'Anémone hépatique. — L'Alaterne. — Le Buis. — Le Cornouiller mâle. — La Fumeterre bulbeuse. — La Giroflée jaune. — Le Groseiller épineux. — L'If. — Le Narcisse sauvage. — Le Pécher. — La Primevère. — La Renoncule ficaire. — La Soldanelle. — Le Thuya. — La Tulipe précoce.

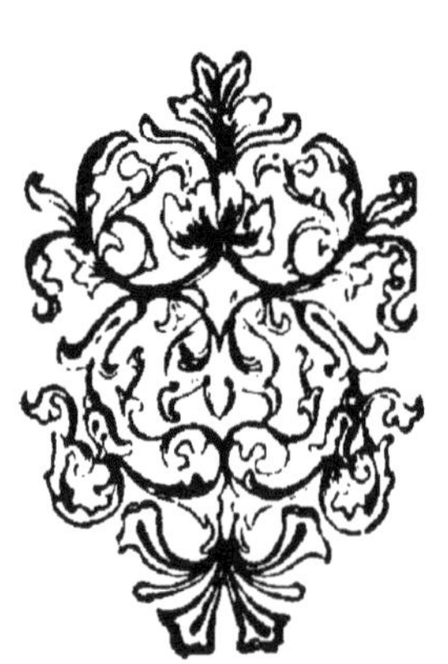

FLEURS QU'ON REMARQUE EN AVRIL.

Le Prunier épineux. — La Tulipe. — La Drave printanière. — Le Cresson des prés. — Le Cabaret. — La Parisette. — Le Pissenlit. L'Ortie blanche. — Les Pruniers. — L'Anémone des bois. — L'Orobe printanière. — La petite Pervenche. — Le Frêne élevé. — Le Charme. — Le Bouleau. — L'Orme. — La

Couronne impériale. — Le Lierre terrestre. — Le Jonc. — Les Erables. — Les Poiriers. — La Jacinthe. — La Violette. — La Sylvie.

FLEURS QUI ORNENT LES JARDINS EN MAI.

Les Pommiers. — Les Lilas. — Le Maronnier. — L'Arbre de Judée. — Le Mérisier à grappes. — Le Cerisier. — Le Frêne pétalé. — Le faux Ebenier. — La Filipendule. — La Pivoine. — La Julienne alliaire. — La Coriandre. La Bugle. — L'Aspérule odorante. — La Bryone. — Le Muguet. — L'Epine-vinette. — La Bourrache. — Le Fraisier. — L'Argentine. — Le Chêne. — Les Iris. — Le Chèvre-Feuille. — L'Oranger. — La Spirée et les Roses.

FLEURS QUI S'OUVRENT EN JUIN.

Les Sauges. — L'Alkékenge. — Le Coquelicot. — La Cardiaque. — La Ciguë. — Le Tilleul. — La Vigne. — La Nigelle. — La Branc-Ursine. — Les Nénuphars. — La Brunelle. — Le Lin. — Le Cresson de fontaine. — Le Seigle. — L'Avoine. — L'Orge. — Le Froment. — Les Digitales. — Le Pied d'Alouette. — Les Millepertuis. — Le Bluet. — L'Amorpha. — L'Azédarach. — L'Eglantier. — Le Jasmin.

FLEURS QUI SE MONTRENT EN JUILLET.

L'Hysope. — Les Menthes. — L'Origan. — La Carotte. — La Tanaisie. — Les Œillets. — La Petite Centaurée. — Le Suce-Pin. — Les Laitues. — La Salicaire. — La Chicorée sauvage. — La Verge d'or. — Le Catalpa. — Le Houblon. — Le Chanvre.

FLEURS QUI SE VOIENT EN AOUT.

La Scabieuse succise. — La Parnassie. — La Gratiole. — La Balsamine des jardins. — L'Euphraise jaune. — Le Laurier-Thym. — Les Coréopses. — Les Rudbeckies. — Les Asters.

FLEURS S'ÉPANOUISSANT EN SEPTEMBRE.

Le Fragon à grappes. — L'Aralie épineuse. — Le Lierre. — Le Cyclamen. — L'Amaryllis jaune. — Le Colchique. — Le Safran. — Le Bruse rameux. — L'Œillet d'Inde.

FLEURS QUI PARAISSENT EN OCTOBRE.

L'Aster à grandes fleurs. — Le Topinambour. — La Camomille à grandes fleurs. — L'aster à grandes fleurs. — Le Chrysanthème des Indes. — La Tubéreuse.

FLEURS QU'ON PEUT VOIR EN NOVEMBRE ET DÉCEMBRE.

Dans ces deux derniers mois, il n'y a point de fleurs qui viennent naturellement. Avec quelques soins, on se procure des Jacinthes, des Anémones, la Ximenèse, l'Héliotrope d'hiver, des semi-doubles, quelques Mousses et des Lichens.

VOCABULAIRE

EMBLÉMATIQUE

DES PLANTES, DES FEUILLES, DES FLEURS

ET DES FRUITS.

—

BRICOTIER (*fleur d'*) est l'emblème d'un cœur inflexible.

Absinthe citronnelle. — Préservatif. J'éloignerai de vous les méchants.

Absinthe vulgaire. — Vous m'abreuvez d'amertume. Amertume. Absence. Chagrin.

Acacia. — Amour platonique. Sagesse. Mystère. Prompt succès.

Acacia pudique ou sensitive. — Extrême sensibilité. Pudeur.

Acacia rose. — Elégance.

Acanthe branc-ursine. — Nœuds indissolubles. Amour des beaux-arts. — Architecture.

Acana. — Attraits.
Ache. — Agonie.
Achillée mille-feuilles. — Guérison. Guérissez-moi. — Héroïsme.
Aconit. — Vous me donnez la mort. Vengeance.
Adonide d'été. — Souvenir tendre et douloureux. Souvenir ineffaçable. Envie de briller.
Adonis. — Amour extrême. Souvenirs pénibles.
Adoxa musqué. — Faiblesse. Amour extrême.
Agine. — Désir de plaire.
Agneau chaste. — (*Agnus castus*). — Chasteté.
Aigrette. — Désir de plaire.
Alcée. — Votre beauté est noble et majestueuse.
Alizier. — Accord. Soyons d'accord.
Aloès. — Botanique.
Alouette (*pied d'*). — Légèreté. Confiance. Plaisirs de la campagne. Lisez dans mon cœur.
Althéa. — Persuasion. Doux égards.
Alves. — Intrigues.
Alysse des rochers, vulgairement la Corbeille-d'Or. — Calme. Tranquillité.
Amandier commun. — Douceur inaltérable.
Amandier satiné. — Imprudence. Etourderie.
Amaranthe. — Constance. Immortalité. Indifférence.
Amaranthe blanche. — Amour sans fin.
Amaranthe jaune. — Jalousie.
Amaryllis. — Toute belle. Coquetterie.
Ambroisie. — Immortalité. Perfection. Rien au-dessus d'elle.
Ammomum. — Flatterie.
Amourette, ou Brize tremblante. — Galanterie. Gaieté. Frivolité.
Ananas. — Vous réunissez tout.

Amum des jardiniers ou Morelle-Cerisette. — Beauté sans bonté.
Ancolie. — Hypocrisie. Folie.
Anémone. — Candeur. Innocente victime de la jalousie. Persévérance.
Anémone sauvage. — Souffrance causée par l'amour. Maladie.
Aneth. — Force. Annonce trompeuse.
Angélique. — Sauvez-moi. Extase.
Anones d'Espagne. — L'amour vous prépare cent plaisirs et mille peines.
Apocyn gobe-mouches. — Piège.
Argentine. — Timidité. Réparation.
Armoise ou Asternal. — Amour conjugal. Heureux voyage.
Arrête-Bœuf ou Bugrane. — Entraves.
Arsène blanche. — Langueur d'amour.
Arum, ou Gouet commun. — Ardeur
Arbousier. — Renommée.
Arbre de Judée. — Egoïsme.
Asclépiade. — Science médicale.
Astragale. — Adoucissement.
Asphodèle. — Mes regrets vous suivront au tombeau.
Aster de la Chine, ou Reine Marguerite. — Elégance. M'aimez-vous.
Aster à grande fleur. — Arrière-pensée.
Aubépine. — Doux espoir. Prudence. Sincérité. Sensations heureuses.
Azédarac. — Originalité.
Baguenaudier. — Paresse. Frivolité.
Baguenaudier arborescent. — Générosité.
Balsamine. — Impatience. Dédain. Froideur. Jeunesse.

Balisier. — Gaiement comme deux tourteraux. (1)

Barbe de Renard. – Ruse.

Banquet (le). — Préservateur des dangers.

Barbeau ou Bluets des blés. — Vous m'éclairez. Fidélité. Délicatesse. Mélancolie. Pureté de sentiment.

Barbeau blanc. — Délicatesse.

Barbeau des jardins. — Education. Délicatesse.

Bardane. — Importunité. Prévoyance.

Basilic. — Vous me rendez le courage. Pauvreté. Souvenir de jeunesse.

Basilic (bouquet de). — J'en suis fâché.

Baume des jardins, ou Menthe. — Vertu.

Bec de grue. — Imbécillité.

Belle-de-jour. — Coquetterie. Infidélité.

Belladone. — Charmes trompeurs.

Belle-de-nuit. — Je redoute l'amour. Je fuis. Quelquefois c'est l'emblême de la galanterie.

Belvédère. — Guerre. Tout est découvert.

Bequettes. — Union sacrée de deux cœurs.

Bétoine. — Surprise. Réveil.

Blé. (épis de). Espoir. Fertilité.

Bluet des blés, (voyez Barbeau). Vous m'éclairez. Délicatesse. Mélancolie. Pureté de sentiment.

Bois-Gentil, ou Lauréole. — Gentillesse. Désir de plaire. Retour du bonheur.

Bon Henri. — Bonté.

Bouillon-Blanc, ou Molène. — Bon naturel. Santé.

---

(1) Un auteur a faussement indiqué cette plante comme l'emblême de la cruauté.

Boule-de-Neige. — Calomnie. Refroidissement. Naïveté de l'enfance.
Bouquet parfait, ou OEillet de poète. — Vous êtes un assemblage de perfections.
Bourrache. — Energie. Vous m'inspirez. Brusquerie.
Bouton d'argent. Franchise. Bienfaisance.
Bouton d'or. — Richessse. Ingratitude. Critique. Raillerie. Amour satisfait et constant.
Bouton de rose. — Jeune fille.
Boramaise. — Trésor mérité.
Bote odoriférante. — Plaisir des sens. Suavité.
Branc-ursine, ou Acanthe. — Nœuds indissolubles. Amours des beaux-arts.
Brium rural. — Protection.
Brize tremblante, ou Amourette. — Galanterie. Gaieté. Frivolité.
Bruyère commune. — Solitude. Je cherche la solitude.
Bruyère (feuille de). — Humilité.
Bugrane, vulgairement Arrête-Bœuf. — Entraves.
Buglose. — Mensonge.
Buis.—Solidité. Durée. Ancienneté. Stoïcisme.
Butome à ombelle, vulgairement Jonc fleuri. — Grâces. Vous êtes remplie de grâces.
Cactier raquette. — Je brûle.
Caille-lait. — Patience. Changement.
Calamante. — Félicité.
Calamus. — On ne connaît pas son mérite.
Camara piquant. — Rigueurs
Camomille romaine. — Je me rendrai digne de vos soins. Amertume. Rapprochement. Intégrité de sentiments. Conformité.

Cameline cultivée. — Doux liens.
Campanule, vulgairement Miroir de Vénus. — Flatterie. Elégance. Reconnaissance.
Capucine. — Feu d'amour. Raillerie.
Capucine jaune. — Discrétion.
Capillaire. — Mystère.
Cèdre. — Vous êtes digne de l'immortalité. Majesté.
Centaurée musquée, ou Fleur du grand seigneur. — Vous inspirez la confiance.
Cérisier. — Indépendance.
Cérisier (fleur de). — Ne m'oubliez pas.
Champignon. — Fortune rapide. Opiniâtreté.
Chanvre. — Utilité. Objet nécessaire.
Chardon. — Critique.
Charme. — Ornement. Embellissement.
Chataignier. — Connaissez-moi mieux. Rendez-moi justice..
Chélidoine. — Soins maternels. Premier soupir d'amour.
Chêne (fleur de). — Force morale. Protection. Récompense. Amour de la patrie. Puissance.
Cheveux de Vénus, ou Nigelle de Damas. — Les tresses de vos cheveux sont autant de chaînes pour mon cœur. Parure.
Chevre-feuille. — Liens d'amour.
Chicorée sauvage. — Amertume:
Chiendent. — Persévérance.
Chrysanthème. — Difficultés.
Chrysanthème des près ou Reine Marguerite. — M'aimez-vous? Elégance.
Ciguë. — Trahison. Méchanceté. Inconduite.
Cinnamonum. — Chasteté.
Ciste. — Jalousie.

Circée ou herbe aux magiciennes. — Vous m'enchantez. On cherche à vous surprendre.
Citronnelle. — Préservatif. J'éloignerai de vous les méchants.
Citronnier. — Désir d'une correspondance.
Clandestine ou herbe cachée. — Amour caché
Clématite bleue. — Liens.
Clochette. — Bavardage.
Cochléaria. — Utilité.
Colchique. — Plus de beaux jours.
Cocrette des prés. — Entêtement.
Cognassier. — Bonheur. Fécondité.
Colonne d'Egypte. — Lointain.
Consoude.— Sentiment inaltérable.
Convolvulus de nuit. — Crime.
Coqueret. — Erreur.
Coquelourde. — Vous êtes sans prétention.
Corail. — Avantage de la navigation.
Coquelicot , ou pavot rouge. — Repos. Calme de l'âme. Reconnaissance.
Corbeille d'or, ou Alysse des rochers. Calme. Tranquillité.
Coriandre. — Mérite caché.
Cormier , ou Sorbier domestique. — Prudence.
Cornouiller. — Durée.
Coucou. — Présage.
Coudrier , ou Noisetier. — Erreur. Préjugés.
Courge (la fleur de). — Apparence.
Couronne impériale. — Fierté sans douceur.
Croix de Jérusalem. — Douleur. Voyage.
Croix de Malthe. — Couronne. Honneur. Fidélité à toute épreuve.
Crysocome linosiris. — Vous vous faites attendre.

Crapaudine — Laideur.
Crête de coq — Vigilance.
Cumin. — Ressemblance.
Cupidone bleue. — Vous inspirez l'amour.
Cupidone. — Espiéglerie.
Cuscute. — Usure.
Cynoglosse printanière.— Je suis votre meilleur ami.
Cyprès. — Larmes. Regrets. Deuil. Désespoir. Mort.
Cyclamen. — Plaisir passé.
Datura , ou Stramoine.—Déguisement. Artifice.
Datura blanc. — Science.
Dauphinelle d'Ajax , vulgairement Pied-d'alouette. — Lisez dans mon cœur. Confiance. Légèreté. Plaisirs de la campagne.
Dent de loup ou de lion. — Vous perdez le temps.
Diadème de Crète. — Idée brillante. Pensée ingénieuse.
Diane (la fleur de). — Cœur.
Dictame blanc , ou Fraxinelle. Vous m'enflammez. Vous embrasez mon cœur.
Digitale. — Salubrité.
Digitale pourprée. — Vous n'êtes que belle.
Double-feuille, ou Omphis. — Consolation dans l'affliction.
Douce-amère. — Vérité. Rapprochement.
Douze divinités , ou Giroselle. — Je vous adore. Vous êtes ma divinité.
Doronique. — Agilité.
Ebénier fleuri. — Souplesse. Grâces.
Eclair. — Artifice.
Eglantier , ou Rosier églantier. — Vous persuadez mon cœur. Poésie.

Eglantine. — Amour malheureux.
Ellébore (voyez Hellébore).
Enotère à grandes fleurs. — Inconstance.
Epatique — Confiance. Apathie.
Ephémère de Virginie. — Chaque jour je découvre en vous de nouvelles qualités.
Epine double. — Je t'aime malgré ta cruauté.
Epi de froment. — Abondance.
Epilobe à épi, ou Osier fleuri. — Unissons-nous.
Epine. — Remords. Insouciance.
Epines sèches. — Flèches d'amour.
Epinevinette. — Vous me fuyez. Repentir.
Epis. — Moissons.
Epis de miracle. — Fécondité.
Erable de montagne, ou Sycomore. Harmonie.
Esparcette. — Poltronnerie.
Estragon. — Aménité.
Eupatoire. — Amour paternel.
Euphorbe — Humeur caustique.
Euphorbe reveil-matin. — J'ai perdu le repos.
Euphrasia. — Bonheur futur.
Faine. — Trahison.
Fayard ou Hêtre. — Prospérité.
Fenouil. — Déraison.
Feuilles vertes. — Espérance.
Feuilles vertes (bouquet de). — Botanique.
Feuilles mortes. — Dépérissement.
Férule. — Punition.
Ficoïde de cristallin, ou Glaciale. — Vous me glacez.
Figuier.-Modestie. Reconnaissance. Hospitalité.
Filipendule. — Point de bonheur sans toi.
Flambe. — J'oblige les amants séparés par l'abcence.

Fleris pendis. — Assemblage de tous les dons.

Fleur de la passion, ou Grenadille bleue. — Douleur cuisante d'amour.

Fleur de veuve, ou Scabieuse. — Absence. Vous m'abandonnez. Vous me délaissez. J'ai tout perdu. Femme sensible et malheureuse. Mystère.

Fleur du grand seigneur, ou Centaurée musquée. — Vous inspirez la confiance.

Fleur d'une heure, ou Ketmie vésiculeuse. — Plaisir d'un moment.

Fougère. — Incertitude. Mérite.

Foulsapatte. — Amour humble et malheureux.

Foie blanc. — Etourderie.

Fraisier (fleur de). — Parfums. Vous faites mes délices.

Fraxinelle, ou Dictame blanc. — Vous m'enflammez. Vous embrâsez mon cœur.

Frêne (fleurs de). — Tout est soumis à votre empire. Obéissance.

Fumeterre commune. — Fiel. Rancune. Exercice.

Fusain. — Votre image est tracée dans mon cœur. Dessin.

Galantine perce-neige. — Annonce. Heureux présage.

Garance. — Calomnie.

Gatilier commun, ou Agneau chaste. — Chasteté.

Gazon d'Espagne. — Humilité.

Genêt d'Espagne. — Je sais apprécier vos talents. Propreté. Faible espoir.

Genette. — Espérance trompeuse. Flatterie.

Génévrier. — Reconnaissance.

Génévrier (fruit du). — Ingratitude.

Gentiane jaune. — Vous refusez mes soins.

Gerade. — Sensations trompeuses.
Géranium citronné. — Caprice. Tyrannie.
Géranium musqué. — Estime. Amour filial. Fidélité conjugale.
Géranium triste ou rosé. — Mélancolie. Langueur.
Gerbe blanche. — Sécurité.
Germandrée. — Plus je vous vois plus je vous aime.
Gesse à larges feuilles, ou pois à bouquet. — Plaisir.
Gesse odorante. — Délicatesse. Plaisir délicat.
Giroflée de Mahon, ou Julienne maritime. — Je vous vois avec plaisir. Correspondance.
Giroflée de muraille, ou Giroflée simple. — Simplicité.
Giroflée des jardins, ou Violier. — Luxe. Bonheur. Sympathie.
Giroflée d'été, ou quarantaine. — Dépit. Promptitude. Ennui d'amour.
Giroflée jaune. — Préférence. Luxe.
Giroselle, ou les douze divinités. — Vous êtes ma divinité. Je vous adore.
Glaciale, ou ficoïde cristallin. — Vous me glacez. Indifférence.
Gouet commun. — Ardeur.
Gouet gobe-mouche. — Piège.
Gramen. — Récompense de la valeur.
Gratiole officinale, ou herbe au pauvre homme. — Humanité.
Grateron. — Rusticité.
Grenadier (fleur du). — Fatuité. Orgueil.
Grenadier (fruit du). — Honneur. Union. Concorde.
Groseiller. — Vous me plaisez.

Groseiller (fleur de). — Point de plaisir sans peine. Fin heureuse, précédée de difficultés.

Gui commun. — Liaison dangereuse.

Guimauve. — Douceur extrême. Persuasion.

Guirlandes de fleurs. — Chaînes d'amour ou d'amitié selon les fleurs dont elles sont composées.

Hébéride ou Julienne. — Philosophie. Résignation.

Hélénie. — Pleurs

Hélianthe à grandes fleurs vulgairement Tournesol. — Mes yeux ne voient que vous.

Héliotrope du Pérou. — Je vous aime plus que moi-même. Enivrement. Abandon de soi-même. Attachement violent.

Héliotrope. d'hyver , ou Tussilage odorant. — Peut-être un jour vous m'apprécierez mieux.

Hellébore. — Folie.

Hellébore à fleur rose , vulgairement Rose de Noël. — Consolation.

Hémérocalle rouge. — Plaisir toujours nouveau.

Hépatique. — Confiance. Apathie.

Herbe au chantre , ou vélar des boutiques. — Ma faible voix veut célébrer vos charmes.

Herbe au pauvre homme , ou Gratiole officinale. — Humanité.

Herbe aux magiciennes , ou Circée. — Vous m'enchantez. On cherche à vous surprendre

Herbe cachée , ou Clandestine. — Amour caché.

Herbe d'amour ou Réséda odorant. — Vos qualités surpassent vos charmes.

Herbe sacrée , ou Verveine. — Pureté de sentiment.

Herbette. — Instruction.

Hêtre ou Fayard. — Prospérité.

Hortensia, ou Rose du Japon. — Beauté froide. Vous êtes belle, mais indifférente. Femme courageuse. Amour constant.

Houblon.—Injustice. Léger. Evaporé. Pétillant.

Houx commun. — Sauve-garde. Protégez-moi. Défendez-moi.

Hyacinthe. — Amour chagrin. Vous m'aimez et vous me donnez la mort.

Ibéride, vulgairement Taraspic. — Indifférence.

If. — Tristesse.

Immortelle. —Toujours. Reconnaissance. Amitié ou amour sans fin. Eternité. Gloire. Vertu. Constance éternelle. Amour pour la vie.

Ipoméa vulgairement jasmin rouge — Je m'attache à vous.

Ipoméa pourpré, vulgairement Volubilis. — Caresses.

Iris bulbeuse. — Eloquence.

Iris demi-close. — Espoir.

Iris de Perse. — Légéreté. Inconstance. Message d'amour. Raccommodement.

Italis (Guède). — Je t'aime.

Ivraie ou Zizanie. — Vice.

Ixia. — Vous faites mon tourment.

Jacée des jardiniers, ou Lychnide compagnon. — Je ne puis vous quitter.

Jacinthe orientale, (Voyez hyacinthe).

Jasmin blanc. — Vous êtes aimable. Candeur. Esprit.

Jasmin d'Espagne. — Sensualité. Volupté.

Jasmin des Açores. — Envie.

Jasmin jonquille. — Je vous aime. Première Langueur d'amour.

Jasmin de Virginie. — Pays lointain.
Jonc des rivières. — Navigation.
Jonc des champs. — Docilité. Je serai docile.
Joncs épars. — Eclaircissement Eclairez-moi.
Joncs fleuris, ou Butome à ombelle. — Grâces. Vous êtes rempli de grâces.
Jonquille. — Désirs. Jouissance.
Joubarbe des toits. — Vous êtes bienfaisante sans ostentation. Esprit.
Jujubier. — Votre présence adoucit mes peines.
Julienne maritime, vulgairement Giroflée de Mahon. — Je vous vois avec plaisir.
Jusquiame. — Perfidie. Méchanceté.
Ketmie vésiculeuse, ou trilobée, vulgairement Fleur d'une heure. — Plaisir d'un moment.
Ketmie des jardins ou la Mauve en arbre. — Beauté toujours nouvelle.
Laîche. — Perfidie.
Laitue. — Lait. Nourrice. Enfant.
Larmes de Job. — Longue absence. Séparation. Eloignement.
Lauréole, vulgairement Bois-Gentil. — Gentillesse. Désir de plaire.
Laurier blanc. — Indécision d'aimer. Candeur.
Laurier rose. Beauté et bonté. Tendre à la ville et vaillant à la guerre.
Laurier franc. — Victoire. Clémence. Gloire.
Laurier (feuille de) — Félicité assurée.
Laurier Thym. -- Pureté de sentiment.
Lavande, ou Aspic. — Répondez-moi.
Lavande (feuille de). Délicatesse.
Lichnis. — Bonheur des champs.
Lierre. — Amitié. Tendresse réciproque. Je meurs où je m'attache.

Liciet cultivé. — Vos attraits me charment.
Lilas. — Premières émotions d'amour. Faiblesse.
Lin. — Je sens tous vos bienfaits.
Lin (fleur de). — Simplicité.
Lis blanc. — Innocence. Pureté. Noblesse. Fierté.
Lis jaune — Inquiétude.
Lis rose. — Vanité. Rareté.
Lis (fleur de). Amour filial.
Liseron. — Enchaînement. Vous m'enchaînez. Heureux hazard.
Liseron tricolore ou Belle-de-Jour. — Coquetterie. — Infidélité.
Loréade. — Douleur extrême.
Lotus. — Eloquence.
Lupin varié. — Vous rendez le calme à mon âme.
Luzerne arborescente. — Les bonnes actions survivent aux siècles.
Lychnide compagnon, ou Jacée des jardiniers. — Je ne puis vous quitter.
Lychnide de Calcédoine, vulgairement Croix de Malthe. — Fidélité à toute épreuve.
Mamelle des Indes. — Sommeil léthargique.
Mancenillier. — Serpent caché sous des fleurs. Fuyez cette beauté perfide.
Mandragore. — Séduction.
Marguerite. — Patience et tristesse.
Marguerite blanche. — J'y songerai.
Marguerite des jardins. — Adieu.
Marguerite paquerette. Vous êtes jolie.
Marjolaine vulgaire. — Séchez vos larmes. Toujours heureux.

Marguerite des champs. — Innocence.
Maronnier. — Sombre mélancolie.
Maronnier (fleur de). — Génie. Noblesse de sentiments.
Marulse blanc — On méconnaît ses précieuses qualités.
Marulse noir. — L'air dur et le cœur tendre.
Matisda. — Objet désagréable. Horreur.
Matricaire. — Union.
Mauve (grande). — Amour maternel. Humanité.
Mauve en arbre, ou Ketmie des Jardins. — Beauté toujours nouvelle.
Mélèze. — Audace. Votre audace m'étonne.
Mélisse officinale. — Souvenez-vous de moi. Mémoire.
Menthe, ou Baume des jardins. — Vertu. Chaleur.
Ményanthe. — Calme. Repos.
Mercuriale. — Ma fâcheuse humeur disparaît.
Mignardise, ou OEillet musqué. — Souvenir passager. Enfantillage.
Mignonnette. — Gaieté.
Mille-feuilles, ou Achillée. — Guérison. Guérissez-moi.
Millepertuis. — Oubli. Oublions le passé. Originalité.
Miramis. — Plus je vous vois, plus je vous aime.
Miroir de Vénus, ou Campanule. — Flatterie.
Mogori. — Parure.
Molène, vulgairement Bouillon blanc. — Bon naturel.
Momordique piquante. — Colère. Emportement.
Morelle cerisette, ou Amum des jardiniers; dans quelques pays Pomme d'amour. — Beauté sans bonté.

Morelle douce-amère, ou vigne-vierge. — Sincérité. Franchise. Vérité.
Morène, ou Passe-rose. — Bien-être qui remplace grande peine.
Moriante. — Charme de la pêche.
Mouron. — Rendez-vous.
Mouron des oiseaux. — Comptez sur moi.
Mousses. — Sensations douces. Sensations heureuses. Amour maternel.
Muguet de Mai. — Retour du bonheur. Soyons heureux. Coquetterie.
Muflier des jardins, vulgairement Mufle de veau. — Présomption. Grossièreté.
Muguet anguleux, vulgairement Sceau de Salomon. — Discrétion. Secret.
Murier (Feuille de). — Prudence.
Murier (Fleur de). — Tout plait en elle.
Murier blanc — Prodige. Merveille.
Murier noir. — Je ne vous survivrai pas. Mourons ensemble.
Myosotis. — Ne m'oubliez pas. Aimez moi comme je vous aime.
Myrte. — Amour. Tendre retour.
Myrte fleuri. — Amour trahi.
Myrte sous des feuilles. — Amour timide.
Myrte uni à des roses. — Volupté.
Myrtille. — Trahison.
Narcisse des poètes. — Egoïsme. Fatuité. Amour de soi-même. Faux amour. Vous n'aimez que vous.
Narcisse Jonquille. — Langueur d'amour.
Néflier. — Persévérance.
Nénuphar, ou Nymphéa blanc. — Froideur. Anéantissement.

Nerprun. — Garantie.

Nyctage, vulgairement Belle-de-nuit. — Je fais vœu, mais je redoute l'amour. Pourquoi fuir. Pourquoi redouter l'amour.

Nigelle de Damas, vulgairement cheveux de Vénus. — Les tresses de vos cheveux sont autant de chaînes pour mon cœur.

Nilante. — Du soir au matin.

Nivéole printanière, vulgairement Perce-neige. — Premier regard d'amour. Premier soupir d'amour.

Noisetier ou Coudrier. — Erreur. Préjugés.

Noyer. — Vous possédez des qualités essentielles.

Noyer (fleur de). — Projets ambitieux.

OEillet incarnat des jardins. — Réciprocité. Quelquefois rivalité.

OEillet panaché des jardins. — Refus d'amour. Je vous refuse.

OEillet des jardins (bouquet d'). — Amour pur. Vous inspirez les sentiments les plus purs.

OEillet blanc des jardins. — Fidélité. Jeune fille.

OEillet jaune des jardins. — Dédain.

OEillet du Christ. — Population.

OEillet rose des jardins. — Sensation. Fidélité à toute épreuve.

OEillet ponceau des jardins. — Horreur.

OEillet d'Inde ou Taget. — Vous avez, quoique jeune, la prévoyance de l'âge mur. Peinture.

OEillet mignonnette, OEillet plume. — Enfantillage.

OEillet musqué, vulgairement Mignardise. — Souvenir passager.

OEillet de la Chine. — Aversion.

OEillet des poètes, vulgairement Bouquet parfait. — Vous êtes un assemblage de perfections. Je vous chante dans le langage des dieux. Talens.

OEillet de haie. — Je chante les louanges de Dieu.

Olivier d'Europe. — Paix. Sagesse.

Olivier (fleur de l'). — Charité.

Omphis ou double-feuille. — Consolation dans l'affliction.

Onotéro. — Surprise.

Ophrise araignée. — Adresse.

Ophrise mouche. — Indiscrétion.

Oranger (fleur d'). — Pureté. Générosité. Grandeur. Magnificence. Virginité.

Oranger (le fruit). — Beauté. Douceur.

Oreille d'ours. — On cherche à vous séduire. Séduction. Trahison.

Oreille de souris. — Amabilité.

Origan dictame. — Vous seule pouvez guérir mon cœur.

Orme, ou ormeau (feuille d'). — Considération. Distinction. Respect. Vigueur. Viens me voir.

Ornithogale à ombelle, ou Belle d'onze heures. — Votre vue cause ma joie.

Ornithogale pyramidale, vulgairement épi de lait, épi de la vierge. — Ma tendresse est pure.

Orobe printanier. — Besoin d'aimer.

Osmonde. — Rêverie.

Ortie. — Je suis piqué. Glaive. Malice. Cruauté. Méchant esprit. Dard brûlant.

Ortie blanche. — Sobriété.

Orvale. — Elle est sans défaut.

Osier. — Souplesse. Docilité.

Osier fleuri, ou Epilobe à épi. — Unissons-nous.
Ougan. — Coloris.
Oxte. — Ame souffrante,
Palme de Christ. — Innocence opprimée.
Palme. — Victoire. Martyre.
Palmier. — Victoire. Constance dans l'adversité. Dignité. Je vous distingue.
Paquerette ou Marguerite. — Eclat. Vous êtes jolie.
Pariétaire. — Gloriole.
Parnassie. — Vous êtes dans le sentier de la gloire.
Passe-rose. — Apparence.
Passe-velours crète de coq. — Vos soins me rendent la vie.
Patience. — Patience.
Pavot blanc. — Soupçon.
Pavot rose simple. — Vivacité. Etourderie.
Pavot rouge, ou Coquelicot. — Repos. Calme de l'ame. Reconnaissance.
Pavot panaché. — Surprise.
Pavot somnifère, ou des jardins. — Paresse. Sommeil. Langueur.
Pêcher (fleur de). — Constance. Plus je vous vois, plus je vous aime.
Pensée, ou Violette pensée. — Je pense à vous, pensez à moi. Vous seul occupez ma pensée. Souvenir expressif. Je partage vos sentiments.
Perce-neige, ou Galantine. Voyez *Nivéole printanière.* — Annonce. Heureux présage. Espoir. Consolation.
Persicaire. — Vigilance.
Persil (feuille de). — Discorde. Festin.

Pervenche — Amitié de toute la vie. Doux souvenirs. Premier amour.
Peuplier. — Plantes. Murmure. Jeunesse. Courage ou dévouement d'amitié.
Peuplier d'Italie. — Tendre inquiétude. Toujours je crains de vous déplaire.
Phalange. — Réparation.
Phlox. — Heureux qui te plaira.
Phytolacca dix étamines, vulgairement raisin d'Amérique. — Calmez-vous.
Pied d'Alouette, ou Dauphinelle d'Ajax. — Lisez dans mon cœur. Confiance. Légèreté. Plaisirs de la campagne.
Pimprenelle. — Aimez-moi.
Pin. — Longue durée. Sentiment durable. Lumière. Hardiesse.
Pissenlit. — Légèreté. Etourderie. Inconséquence. Oracle.
Pivoine. — La beauté plaît, et les qualités essentielles attachent. Honte.
Plantain. — Duperie.
Platane. — Génie. Bonheur. Ombrage. Protection.
Poirier. — L'éducation a développé vos bonnes qualités. Irrésolution.
Pois de senteur, ou Gesse odorante. — Délicatesse. Plaisirs délicats.
Pois à bouquet, ou Gesse à larges feuilles. — Plaisir.
Poids vivaces (fleur de). — Souplesse. Bêtise.
Polémoine bleue, vulgairement Valérianne grecque. — Guerre. Rupture.
Pomme d'amour, ou Morelle cerisette. — Beauté sans bonté. Séduction. Piège. Enchantement.

Polygala. — Charme de la Solitude. Ermitage.
Pommier (fleur de). — Repentir.
Pommier (fruit du). — Choix. Préférence. A la plus belle. Désobéissance.
Primevère. — Désir d'amour. Aimons-nous. Espérance. Premier printemps de la jeunesse.
Prunier. — Tenez vos promesses.
Pyramidale. — Constance de sentiment.
Quarantaine, ou Giroflée d'été. — Promptitude. Maladie. Circonstance.
Quebis (le). — Perfidie.
Quimbe. — Favorable.
Racine d'or. — Circulation.
Racines des près. — Douces jouissances.
Reine-Marguerite, ou Aster, ou Chrysanthème des près. — Splendeur. Elégance. M'aimez-vous?
Renoncule des marais. — Cœur ulcéré. Convulsion. Mort.
Renoncule des jardins. — Lustre. Brillant. Eclat. Vous brillez de mille attraits.
Renoncule âcre, Bouton d'or. — Critique. Raillerie. Amour satisfait et constant.
Renoncule scélérate. — Méchanceté. Ingratitude. Fierté impatience.
Réséda odorant, vulgairement Herbe d'amour. — Vos qualités surpassent vos charmes. Bonheur d'un instant. Vivacité.
Rhubarbe. — Célérité.
Romarin. — Franchise. Bonne-foi. Votre présence a dissipé le trouble de mon ame.
Romaine. — Sensation pénible.
Ronces. — Stérilité.
Ronces noires. — Injustice. Envie. Soucis. Jalousie.

Roseau canne, ou des jardins. — Plaisirs champêtres. Espérance.

Roseau plumeux. — Indiscrétion. Repentir.

Rose blanche. — Innocence. Beauté innocente. Molesse.

Rose blanche desséchée. — Plutôt mourir que de perdre l'innocence.

Rose capucine. — Etude. Amour des beaux arts.

Rose de Mai. — Amabilité. Fraîcheur.

Rose de Noël, ou Hellébore à fleurs roses. — Consolations.

Rose des dames et Rose des quatre saisons, ou de tous les mois. — Beauté brillante et passagère.

Rose du Bengale. — Aveux complets.

Rose des quatre saisons. — Les graces sont de tous les temps.

Rose du Japon, ou Hortensia. — Beauté froide. Vous êtes belle, mais froide.

Rose épanouie, avec ses épines.. — Hymen.

Rose épanouie, sans épines. — Beauté séduisante.

Rose jaune. — Honte. Infidélité.

Rose mousseuse. — Volupté. Quand tu parais je suis ivre de volupté.

Rose multiflore. — Beauté.

Rose musquée. — Caprice. Beauté capricieuse.

Rose panachée. — Amour trahi.

Rose pompon. — Gentillesse.

Rose sans épines. — Amitié sincère.

Rose (Bouton de) sans épines. — Cœur qui ignore l'amour. Je vous aime.

Rose (Bouton de) avec des épines. — Espérance en amour mêlée de crainte.

Rose trémière, ou Alcée. — Votre beauté est noble et majestueuse. Mère de famille.

Rasier à cent feuilles. — Beauté parfaite. Grace. Tournure ravissante.

Rosier églantier. — Vous persuadez mon cœur. Simplicité. Perfection en tout.

Rue. — Bonté.

Rue sauvage. — Je te suivrai partout.

Safran. — N'abusez pas des plaisirs. Jalousie fondée sur un outrage.

Sainfoin d'Espagne. — Choisissez vos amis.

Sainfoin oscillant. — Mouvement.

Salicaire à épis. — Vous me dédaignez.

Sapin. — Fortune. Elévation. Grandeur d'ame.

Sauge. — Toute bonne. Force. Je vous estime.

Saule pleureur. — Mélancolie. Chagrin. Douleur amère.

Saule. — Vous plairez à tout âge. Docilité.

Saxifrage. — Les plus beaux jours de la vie.

Scabieuse, vulgairement Fleur de veuve. — Absence. J'ai tout perdu. Vous me délaissez. Abandon cruel. Femme sensible et malheureuse. Mystère. Veuvage.

Sceau de Salomon, ou Muguet anguleux. — Discrétion. Secret.

Scolopendre. — Timidité.

Seneçon. — Humeur calme.

Sénevé. — Fécondité. Votre amitié fait mon bonheur.

Sensitive, ou Acacia pudique. — Extrême sensibilité. Pudeur extrême. Innocence. Délicatesse.

Séringa. — Passion énivrante et chimérique. Coquetterie.

Serpentaire. — Envie.

Sicimbrise. — Plaisir de la jalousie.

Serpolet, ou Thym. — Emotion. En vous voyant je suis ému. Etourderie.

Silament. — Témérité.

Siléné attrappe-mouche. — Vous m'avez trompé.

Soleil hélianthe à grandes fleurs. — Mes yeux ne voient que vous.

Sorbier domestique, ou Cormier. — Prudence. Danger. Intrépidité.

Souci des jardins. — Inquiétude. Soupçons. Jalousie. Peine. Tourments.

Souci pluvial. — Précaution. Vous êtes prévoyante.

Spirée. — Vous régnez dans mon cœur.

Staticée. — Séjour.

Stramoine commune, ou Datura. — Déguisement. Artifice.

Sureau commun, Hiéble. — Vous me consolez de toutes mes peines. Bienfaisance.

Sycomore, ou Erable des montagnes. — Harmonie Espérance et Soucis. J'aspire à posséder votre cœur.

Tabac cultivé, Nicotiane petun. etc. — Je surmonterai tous les obstacles.

Taraspic, ou Ibéride. — Indifférence.

Tamier, sceau de Notre-Dame. — Soyez mon appui. Soutenez ma faiblesse.

Taget, ou OEillet d'Inde. — Vous avez, quoique jeune, la prévoyance de l'âge mûr.

Ténésia. — Résistance.

Térébenthine. — Perdre. Perdu.

Tête de dragon. — Ne vous y fiez pas.

Teumbrotie. — La belle nature.

Thuya. — Rien ne pourra changer mon cœur. Vieillesse.

Thlaspi. — Raideur. Confiance en soi.

Thym Serpolet. — Emotion. En vous voyant je suis ému. Activité. Passion dominante.

Tilleul. — Vos bonnes qualités vous font aimer. Souplesse. Obligeance. Gaieté. Amour conjugal. Docilité.

Tournesol. — Mes yeux ne voient que vous. Reconnaissance. Mobilité.

Trèfle. — M'est-il permis d'espérer le bonheur? Tempête.

Troène. — Défense. Fatuité. Flatterie. Guerre déclarée.

Tubéreuse. — Volupté. Sentiment. Délicatesse. Vous inspirez les plus tendres sentiments.

Tulipe. — Honnêtetés. Magnificence. Déclaration d'amour. Amour sincère.

Tulipe jaune. — Orgueil. Ingratitude.

Tulipier. — Vous tardez à faire mon bonheur.

Tussilage odorant vulgairement héliotrope d'hiver. — Peut-être un jour vous m'apprécierez mieux. Rendez-moi justice.

Ulma. — Prison. Désespoir. Chagrin mortel.

Valériane rouge des jardins. — Facilité. Bienfaisance. Humanité.

Valériane grecque, ou Polemoine bleue. — Guerre. Rupture.

Vélar des boutiques, vulgairement Herbe du chantre. — Ma faible voix veut célébrer vos charmes.

Verdure (la). — Espérance.

Verge d'or. — Rassurez mon ame affligée. Ostentation. Bel habit. Sage réprimande.

Verveine vulgairement Herbe sacrée. — Pureté de sentiments. Enchantement.

Véronique.— Je vous offre mon cœur. Sainteté.
Vespérine. — Vous me donnez la mort.
Vigne. — Oubli. Ivresse de la passion.
Vigne (Feuille de). — Bienveillance.
Vigne vierge, ou Morelle douce-amère. — Sincérité. Franchise. Vérité.
Violette odorante.—Modestie. Timidité. Pudeur.
Violette odorante double. — Amitié réciproque.
Violette jaune. — Beauté parfaite.
Violette blanche. — Amour innocent. Candeur.
Violette entourée de feuilles. — Amour caché.
Violette pensée. — Je pense à vous, pensez à moi. Vous seul occupez ma pensée.
Violier, ou Giroflée des jardins. — Luxe. Beauté.
Viorne boule-de-neige. — Refroidissement. Calomnie.
Viperine vulgaire. Serpentaire. — Vos yeux font de cruelles blessures.
Volubilis, ou Ipoméa pourpré. — Caresses.
Ximenèse. — Attente. Espoir déçu.
Xochiapal. — Retour du bonheur.
Xocoxochilt. — Amour extrême.
Ycotty. — Nulle jouissance.
Yorage. — Egoïsme.
Yvette.— Heureuse médiocrité.
Zacon. — Privation.
Zérumbeth. — Artifice.
Zésiumbitum. — Artifice.
Zinnia.— Tenez vous sur vos gardes.
Zizanie, ou Ivraie. — Vice.

B.

ETUDES DE SÉLAMOGRAPHIE.

NOMENCLATURE

DES SENTIMENTS

EXPRIMÉS PAR UNE SEULE DES PLANTES

OU PAR UNE SEULE DES FLEURS

RAPPELÉES

DANS LE VOCABULAIRE EMBLÉMATIQUE.

On n'a rappelé dans cette nomenclature, que les plantes qui expriment une pensée complète. On trouve les autres à leur ordre alphabétique, dans le vocabulaire qui précède.

IMEZ-MOI comme je vous aime. — *Myosotis*.
Aimez-moi. — *Pimprenelle*.
Aimons-nous. — *Primevère*.
A la plus belle. — *Pommier*.
Amitié de toute la vie. — *Pervenche*.
Amitié ou amour sans fin. — *Immortelle*.
Amour constant. — *Hortensia*.

Amour sans fin. — *Immortelle.*
Calmez-vous. — *Phytolacca.*
Chaque jour je découvre en vous de nouvelles qualités. — *Ephémère de Virginie.*
Choisissez vos amis. — *Sainfoin d'Espagne.*
Comptez sur moi. *Mouron des oiseaux.*
Connaissez-moi mieux. — *Châtaignier.*
Défendez-moi. — *Houx commun.*
Eclairez-moi. — *Joncs épars.*
Elle est sans défaut. — *Orvale.*
En vous voyant je suis ému. — *Thym Serpolet.*
Fidélité à toute épreuve — *Lychnide Calcédoine.*
Fuyez cette beauté perfide. — *Mancenillier.*
Gaiement comme deux tourtereaux. — *Balisier.*
Guérissez-moi — *Achillée mille-feuilles.*
Innocente victime de la jalousie. — *Anémone.*
J'ai perdu le repos. — *Euphorbe réveil-matin.*
J'ai tout perdu. — *Scabieuse ou fleur de veuve.*
J'aspire à posséder votre cœur. — *Sycomore.*
Je chante les louanges de Dieu. — *OEillet de haie.*
Je cherche la solitude. — *Bruyère commune.*
Je fais vœu, mais je redoute l'amour, — *Belle de nuit.*
Je fuis, je redoute l'amour — *Nyctage Belle de nuit.*
J'eloignerai de vous les méchants. — *Absinthe citronnelle.*
Je m'attache à vous. — *Ipoméa Jasmin rouge.*
Je me rendrai digne de vos soins. — *Camomille romaine.*
Je meurs où je m'attache. — *Lierre.*
Je ne puis vous quitter — *Lychnide compagnon.*
Je ne vous survivrai pas. — *Murier noir,*
J'en suis fâché. — *Bouquet de Basilic.*
Je pense à vous. — *Violette pensée.*
Je redoute l'amour — *Belle de nuit.*
Je sais apprécier vos talents — *Genêt d'Espagne.*
Je sens tous vos bienfaits. — *Lin.*
Je serai docile. — *Jonc des champs.*
Je suis piqué. — *Ortie.*

Je suis votre meilleur ami. – *Cinoglosse printanière.*
Je surmonterai tous les obstacles. – *Tabac cultivé.*
Je t'aime, malgré ta cruauté. – *Epine double.*
Je te suivrai partout. – *Rue sauvage.*
Je vous adore. – *Giroselle.*
Je vous aime. – *Jasmin jonquille. Bouton de rose.*
Je vous aime plus que moi-même. – *Héliotrope.*
Je vous chante dans le langage des Dieux. – *OEillet des poètes, ou Bouquet parfait.*
Je vous déclare la guerre. – *Belvedère.*
Je vous distingue. – *Palmier.*
Je vous estime. – *Sauge.*
Je vous offre mon cœur. – *Véronique.*
Je vous refuse. – *OEillet panaché.*
Je vous vois avec plaisir. – *Julienne maritime.*
J'oblige les amants séparés par l'absence. – *Flambe.*
J'y songerai. – *Marguerite blanche.*
La beauté plait, et les qualités essentielles attachent. *Pivoine.*
L'amour vous prépare cent plaisirs et mille peines. – *Anones d'Espagne.*
L'éducation a développé vos bonnes qualités. – *Poirier.*
Les bonnes actions survivent aux siècles. – *Luzerne arborescente.*
Les grâces sont de tous les temps. – *Rose des quatre saisons.*
Les tresses de vos cheveux sont autant de chaînes pour mon cœur. – *Nigelle de Damas.*
Lisez dans mon cœur. – *Dauphinelle d'Ajax.*
Ma fâcheuse humeur disparaît. – *Mercuriel.*
Ma faible voix veut célébrer vos charmes. – *Vélar des boutiques.*
M'aimez-vous ? – *Chrysanthème des prés. Aster ou Reine Marguerite.*
Ma tendresse est pure. – *Ornithogale pyramidale.*
Mes regrets vous suivent au tombeau. – *Asphodèle.*
M'est-il permis d'espérer le bonheur ? – *Trèfle.*

Mes yeux ne voient que vous. — *Hélianthe à grandes fleurs ou Tournesol.*
Mourons ensemble. — *Murier noir.*
N'abusez pas des plaisirs. — *Safran.*
Ne m'oubliez pas. — *Myosotis. Fleur de Cérisier.*
Ne vous y fiez pas — *Tête de Dragon.*
On cherche à vous séduire. — *Oreille d'Ours.*
On cherche à vous surprendre. — *Circée, ou Herbe aux Magiciennes.*
On méconnait ses précieuses qualités. — *Marulse blanc*
On ne connaît pas son mérite. — *Calamus.*
Oublions le passé. — *Millepertuis.*
Pensez à moi. — *Violette pensée*
Peut-être un jour vous m'apprécierez mieux. — *Tussilage odorant.*
Plus de beaux jours. — *Colchique.*
Plus je vous vois, plus je vous aime. — *Pêcher. Germandrée. Miramis.*
Plutôt mourir que de perdre l'innocence. — *Rose blanche desséchee.*
Point de bonheur sans toi — *Filipendule:*
Pourquoi fuir ? pourquoi redouter l'amour ? — *Nyctage Belle de nuit.*
Protégez-moi — *Houx commun*
Quand tu parais, je suis ivre de volupté. — *Rose mousseuse.*
Rassurez mon âme affligée. — *Verge d'or.*
Rendez-moi justice. — *Châtaignier. Tussilage.*
Répondez moi — *Lavande aspic.*
Rien au-dessus d'elle. — *Ambroisie.*
Rien ne pourra changer mon cœur. — *Thuya.*
Sauvez-moi. — *Angélique.*
Séchez vos larmes. — *Marjolaine vulgaire.*
Soutenez ma faiblesse. — *Tamier.*
Souvenez-vous de moi. — *Mélisse officinale.*
Soyez mon appui. — *Tamier.*
Soyons d'accord. — *Alizier.*
Soyons heureux. — *Muguet de Mai.*

Tenez vos promesses. — *Prunier.*
Tenez-vous sur vos gardes — *Zinnia.*
Toujours je crains de vous déplaire. — *Peuplier d'Italie.*
Tout amour. — *Myrte.*
Tout est découvert. — *Belvédère.*
Tout est soumis à votre empire. — *Frêne.*
Tout plaît en elle. — *Fleur de murier.*
Unissons-nous — *Epilobe à épi.*
Viens me voir. — *Orme.*
Vos attraits me charment. — *Liciet cultivé.*
Vos bonnes qualités vous font aimer. — *Tilleul.*
Vos qualités surpassent vos charmes. — *Réséda odorant.*
Vos soins me rendent la vie — *Passe-velours.*
Vos yeux font de cruelles blessures — *Vipérine vulgaire.*
Votre amitié fait mon bonheur. — *Séneve.*
Votre audace m'étonne. — *Mélèze.*
Votre beauté est noble et majestueuse. — *Rose tremière Alcée.*
Votre image est tracée dans mon cœur. — *Fusain.*
Votre présence a dissipé le trouble de mon âme. — *Romarin.*
Votre présence adoucit mes peines. — *Jujubier commun.*
Votre vue cause ma joie. — *Ornithogale.*
Vous avez, quoique jeune, la prévoyance de l'âge mûr. — *Taget.*
Vous brillez de mille attraits. — *Renoncule des jardins.*
Vous embrasez mon cœur. — *Dictame blanc.*
Vous êtes belle, mais froide. — *Hortensia.*
Vous êtes bienfaisante sans ostentation. — *Joubarbe des toits.*
Vous êtes aimable. — *Jasmin blanc.*
Vous êtes dans le sentier de la gloire. — *Parnassie.*
Vous êtes digne de l'immortalité. — *Cèdre.*

Vous êtes jolie. — *Marguerite paquerette.*
Vous êtes ma divinité. — *Giroselle.*
Vous êtes prévoyante — *Souci pluviale.*
Vous êtes remplie de grâces. — *Butome à ombelle.*
Vous êtes sans prétention. — *Coquelourde.*
Vous êtes un assemblage de perfection. — *OEillet de poëte, ou Bouquet parfait.*
Vous faites mes délices. — *Fleur de fraisier.*
Vous faites mon tourment — *Ixia.*
Vous inspirez l'amour. — *Cupidone bleue.*
Vous inspirez les plus tendres sentiments — *Tubéreuse.*
Vous inspirez les sentiments les plus purs. — *Bouquet d'OEillets des jardins.*
Vous m'abandonnez — *Scabieuse.*
Vous m'abreuvez d'amertume. — *Absinthe vulgaire.*
Vous m'aimez et vous me donnez la mort. — *Hyacinthe.*
Vous m'avez trompé — *Silène attrape-mouche:*
Vous m'éclairez. — *Barbeau, ou Bluet des blés.*
Vous me consolez de toutes mes peines. — *Sureau commun.*
Vous me dédaignez. — *Salicaire à épis.*
Vous me délaissez — *Scabieuse.*
Vous me donnez la mort. — *Aconit. Vespérine.*
Vous me fuyez — *Epinevinette.*
Vous me glacez. — *Ficoïde.*
Vous m'enchaînez. — *Liseron.*
Vous m'enchantez. — *Circée.*
Vous m'enflammez. — *Dictame blanc.*
Vous me plaisez. — *Groseiller.*
Vous me rendez le courage. — *Basilic.*
Vous m'inspirez. — *Bourrache.*
Vous n'aimez que vous. — *Narcisse des poëtes.*
Vous n'êtes que belle — *Digitale pourprée.*
Vous perdez le temps. — *Dent de loup*
Vous persuadez mon cœur. — *Rosier églantier.*
Vous plairez à tout âge. — *Saule.*

Vous possédez des qualités essentielles. — *Noyer.*
Vous refusez mes soins. — *Gentianne jaune.*
Vous régnez dans mon cœur. — *Spirée.*
Vous rendez le calme à mon ame. — *Lupin varié.*
Vous réunissez tout. — *Ananas.*
Vous seul occupez ma pensée. — *Violette pensée.*
Vous seul pouvez guérir mon cœur. — *Origan dictame.*
Vous tardez à faire mon bonheur. — *Tulipier.*
Vous vous faites attendre — *Crysocome Linosiris.*

ALLÉGORIES

QUE PRÉSENTE

LA REUNION DE QUELQUES FLEURS.

BOUQUET de feuilles vertes. — Espérance.

Bouquet d'immortelles mêlées de Lierre. — Amitié jusqu'à la mort.

Bouquet de Mauves et de Soucis. — Tendres soucis.

Bouquet de Myrte et d'Immortelles. — Amour sans fin.

Bouquet de Myrte et de Soucis. — Préoccupations conjugales.

Bouquet de Pavots et de Soucis. — Chagrins adoucis.

Bouquet de Roses épanouies. — Amour de l'humanité.

Bouquet de Roses et de Lys. — Tendre beauté.

Bouquet de Roses et de Pavots. — Amour endormi.

Bouquet de Roses et de feuilles de Cyprès. — Perte de la personne objet de sa passion.

Bouquet de Soucis et de feuilles de Cyprès. — Chagrins cuisants dans la famille.

Couronne de Roses blanches. — Amour pudique

Guirlande de feuilles. — Liens d'amitié.

Guirlande de fleurs. — Liens d'amour.

EMBLÊMES
TIRÉS
DES
HOMMES
Célèbres.

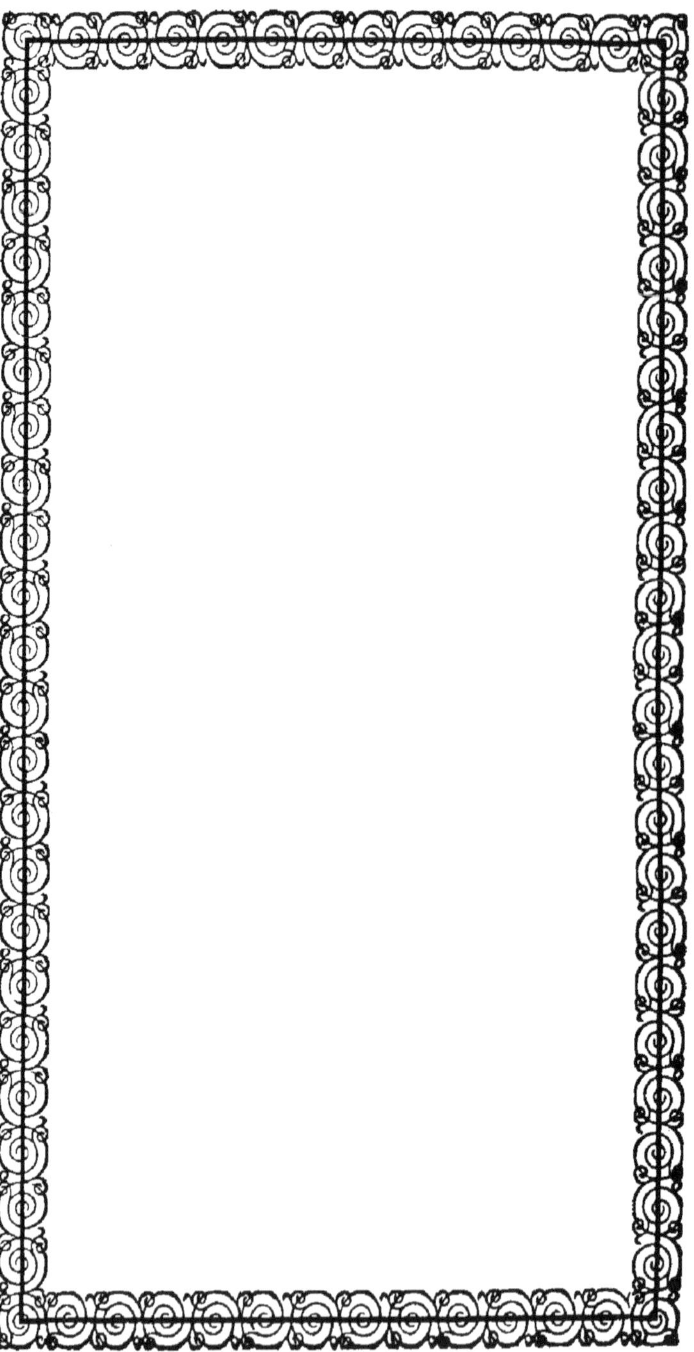

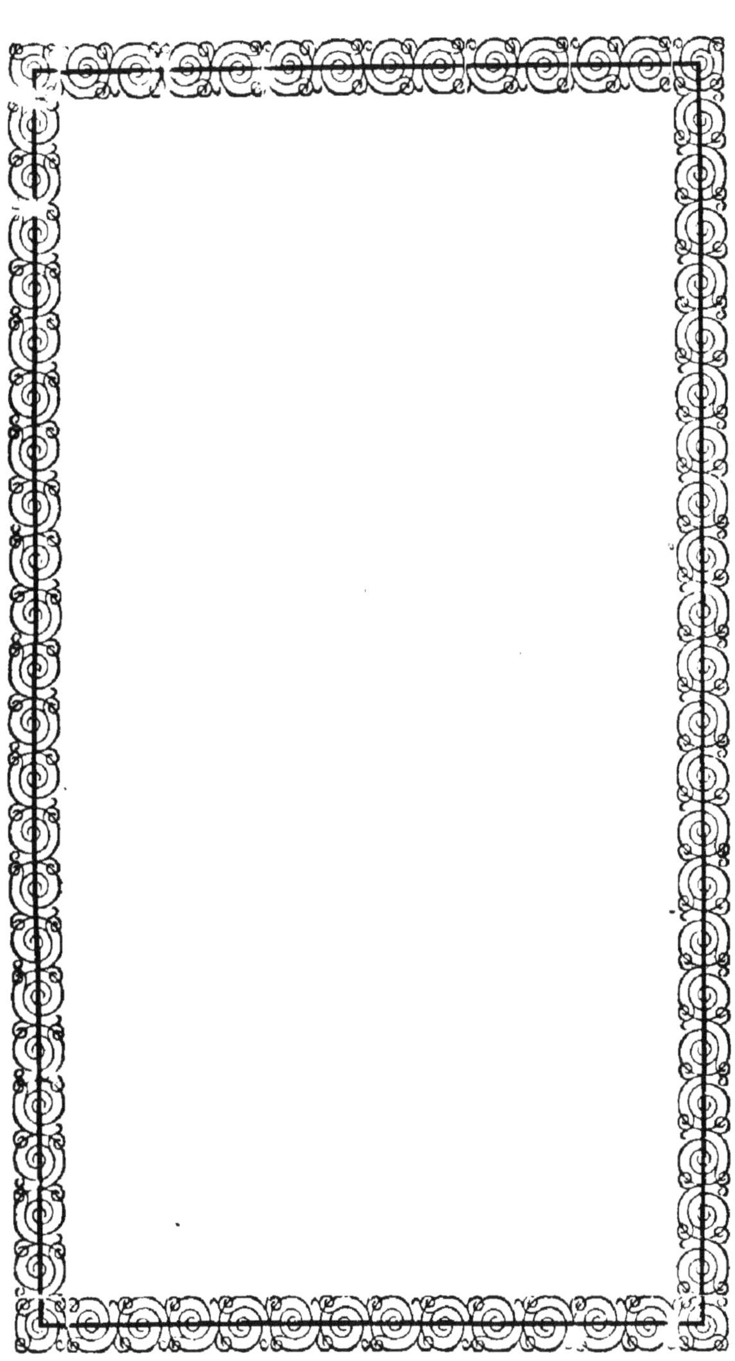

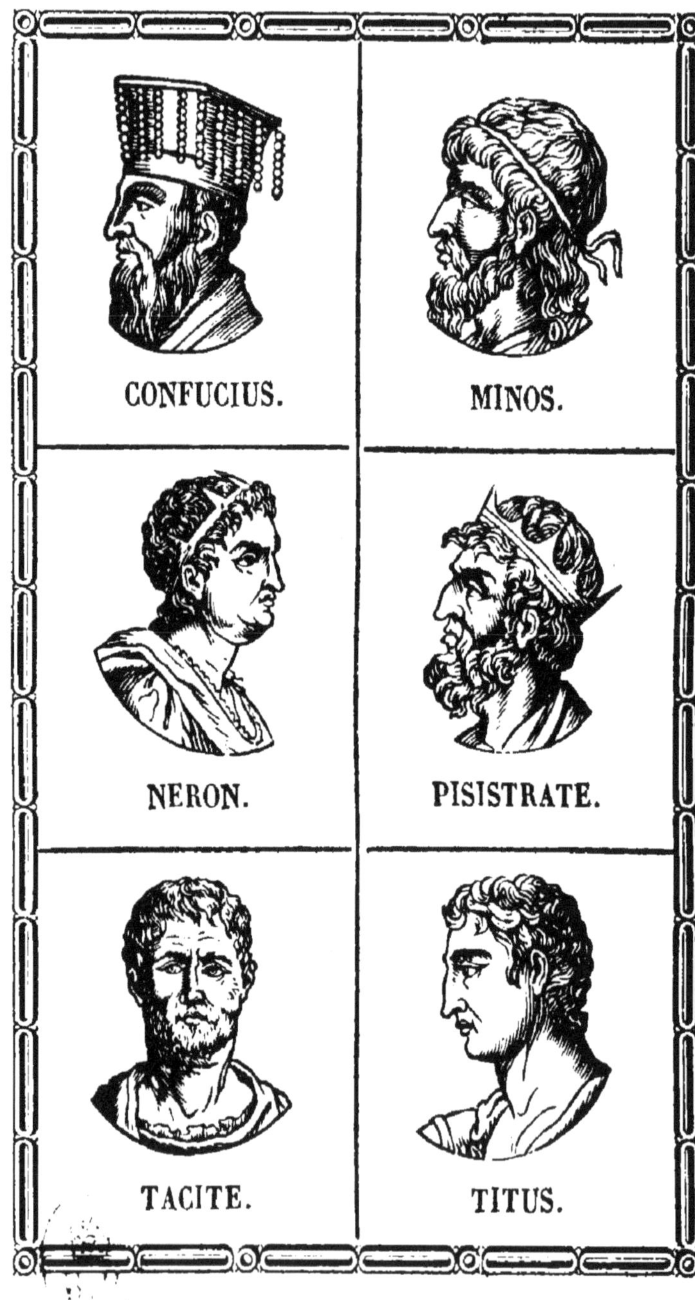
CONFUCIUS.
MINOS.
NERON.
PISISTRATE.
TACITE.
TITUS.

EMBLÊMES
TIRÉES
DES HOMMES CÉLÈBRES.

BEL. — Innocence.

AGAMEMNON. — Fierté.

ALEXANDRE. — Magnanimité. Intrépidité.

ARISTARQUE. — Un bon critique.

ARTÉMISE. — Fidélité dans le veuvage.

BENJAMIN. — Enfant préféré.

BIAS. — Science préférable à la richesse.

CAÏN. — Envie ou haine entre frères.

CATON. — Sévérité.

CÉSAR. — Courage. Grandeur d'ame.

CICÉRON. — Eloquence.

CONFUCIUS — Législation.

CRÉSUS. — Richesse.

Curtius. — Dévouement pour la patrie.

Daniel. — Pénétration dans les choses obscures et la divination.

David. — Douceur.

Démosthènes. — Eloquence impétueuse.

Diogène. — Cynisme.

Elie. — Abstinence. Zèle.

Erostrate. — Immortalité par le crime.

Esther. — Modestie. Pudeur.

Eve. — Curiosité.

Hercule. — Force.

Jézabel. — Imprudence. Cruauté.

Job. — Patience.

Joseph. — Chasteté.

Mathusalem. — Longévité.

Mécène. — Protection accordée aux savants.

Melchisédech. — Sacerdoce et Royauté.

Messaline. — Débauche excessive.

Minos. — Justice.

Moïse. — Loi.

Néron. — Cruauté.

Nestor. — Longévité et abondance dans le discours.

ORESTE ET PILATE. — Amitié.
ORPHÉE. — Musique.
PANDORE. — Curiosité.
PÉNÉLOPE. — Fidélité conjugale.
PHALARIS. — Cruauté.
PHARAON. — Ambition. Impiété.
PISISTRATE. — Usurpation.
SALOMON — Sagesse.
SAMSON. — Force.
SARDANAPALE. — Débauche.
SOCRATE. — Sagesse et Patience.
TACITE. — Histoire.
TITUS. — Bonté souveraine.
VITELLIUS. — Gloutonnerie.
ZOÏLE. — Critique outré, injuste et ignorant.

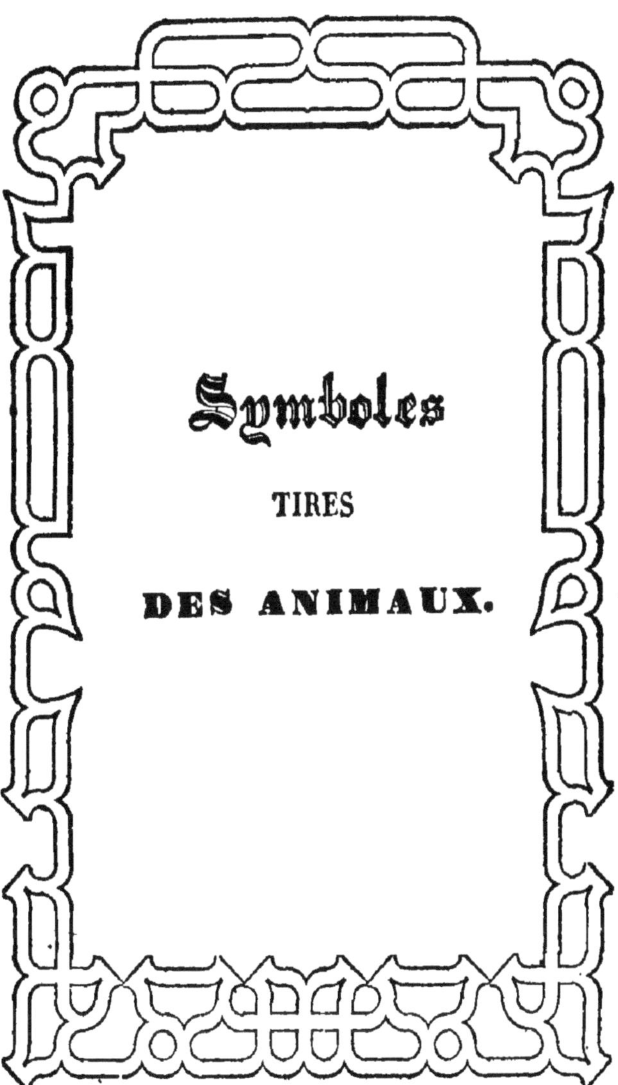

Symboles

TIRES

DES ANIMAUX.

7 *

... Le Chien, Messieurs, est le symbole de la Fidélité. Sous ce rapport soutiendriez-vous la comparaison avec avantage?

SYMBOLES

TIRÉS DES ANIMAUX.

BEILLE. — Industrie. Travail.

AGNEAU. — Humilité. Innocence.

AIGLE. — Reconnaissance. Vélocité.

ALCYON. — Bienveillance.

ANE. — Sobriété. Ignorance.

BŒUF. — Agriculture. Patience. Paix.

CAMÉLÉON. — Flatterie. Changement.

CHAT. — Liberté. Trahison.

CERF. — Prudence.

CHEVAL. — Autorité. Victoire.

CHIEN. — Fidélité.

CRAPAUD. — Injustice.

Cigogne. — Piété filiale. Reconnaissance.

Cochon. — Fécondité.

Chouette. — Superstition.

Colombe. — Simplicité. Innocence. Tendresse.

Coq. — Vigilance. Activité.

Corneille. — Foi conjugale.

Dindon. — Colère.

Ecrevisse. — Prudence.

Écureuil. — Adresse. Légèreté.

Éléphant. — Éternité. Reconnaissance.

Fourmi. — Prévoyance.

Grenouille. — Vanité. Curiosité.

Grue. — Vigilance.

Hibou. — Sagesse.

Hirondelle. — Inconstance.

Licorne. — Virginité.

Lièvre. — Peur. Timidité.

Lion. — Reconnaissance. Force. Valeur.

Mulet. — Obstination.

Paon. — Orgueil.

Papillon. — Etourderie. Légèreté. Inconstance.

Pélican. — Bonté. Amour paternel.

Perroquet. — Indiscrétion.

PHÉNIX. — Eternité.

PIE. — Bavardage. Vol.

RAT. — Médisance.

RENARD. — Ruse. Subtilité. Finesse.

SANGLIER. — Chasse.

SERPENT. — Prudence. Santé.

SERPENT QUI SE MORD LA QUEUE. — Eternité. Persévérance.

TAUPE. — Aveuglement de l'esprit.

TIGRE. — Colère. Fureur. Cruauté.

TORTUE. — Pudeur.

TOURTERELLE. — Concorde.

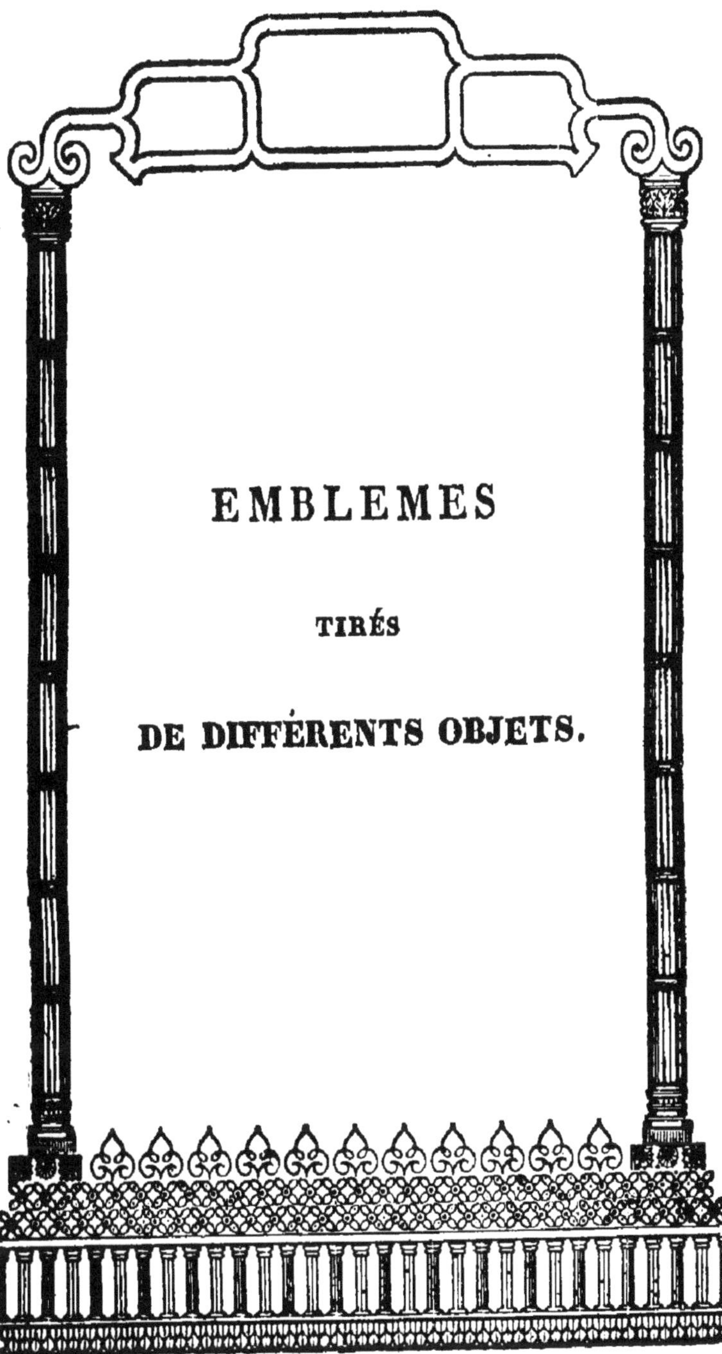

EMBLEMES

TIRÉS

DE DIFFÉRENTS OBJETS.

EMBLÊMES

Tirés de différents objets.

GNEAU IMMOLÉ SUR L'AUTEL. — Sacrifice de Jésus-Christ.

AMPOULE (SAINTE). — Sacre des rois de France.

ANCRE. — Espérance. Commerce.

BALANCE ET ÉPÉE. — Justice tant civile que criminelle.

BRIDE. — Modération.

CACHET ET CLEF. — Fidélité. Secret.

CALICE ET HOSTIE DESSUS. — Eucharistie.

CENDRES. — Mort.

CERCLE. — Perfection.

CHAINES ENVIRONNANT UN GLOBE. — Esclavage.

CHANDELIER A SEPT BRANCHES. — Les sacrements.

8

CIERGE PASCAL. — Lumière de l'évangile.

CIERGE ALLUMÉ. — Bon exemple.

CŒUR ENFLAMMÉ. — Charité.

COLOMBE DESCENDANT DU CIEL AVEC DES FLAMMES. — Saint-Esprit.

COLONNE TAILLÉE DANS LE ROC. — Constance.

CORNE D'AMALTHÉE D'OU IL SORT DES FRUITS. — Abondance.

CORNES DE BŒUF. — Travail.

COURONNE D'ÉPINES. — Pénitence.

COURONNE D'ÉTOILES. — Immortalité. Gloire des justes.

ECHELLE DE JACOB. — Contemplation.

ENCENSOIR FUMANT. — Prière.

FEU ET EAU. — Pureté.

GIROUETTE. — Sottise. Instabilité. Frivolité.

GLOBE SURMONTÉ D'UNE CROIX. — Le monde soumis à Jésus-Christ.

LAMPE. — Etude.

LANTERNE SOURDE. — Fausse religion.

MAINS (DEUX) QUI SE TIENNENT. — Fidélité. Bonne foi.

MAROTTE ET GRELOTS. — Folie.

Marteaux et clous. — Nécessité.

Masque. — Hypocrisie. Fourberie.

Miroir. — Vérité. Prudence.

Or. — Pureté.

Oreilles d'ane sur une tête humaine, bandeau sur les yeux, poignard a la main. — Fanatisme.

Palme. — Récompense des justes.

Plomb. — Esprit pesant.

Robe-blanche. — Baptême de l'innocence.

Roue. — Changement. Instabilité.

Sceptre et main de justice. — Autorité des rois de France.

Soleil et livre ouvert. — Vérité de la religion.

Triangle lumineux. — La Trinité.

Trompettes. — Prédication de l'évangile.

Vif-argent. — Turbulence. Agitation continuelle chez les enfants.

Voile. — La Foi.

SYMBOLES
ET ENSEIGNES
CARACTÉRISANT
LES PEUPLES
ANCIENS.

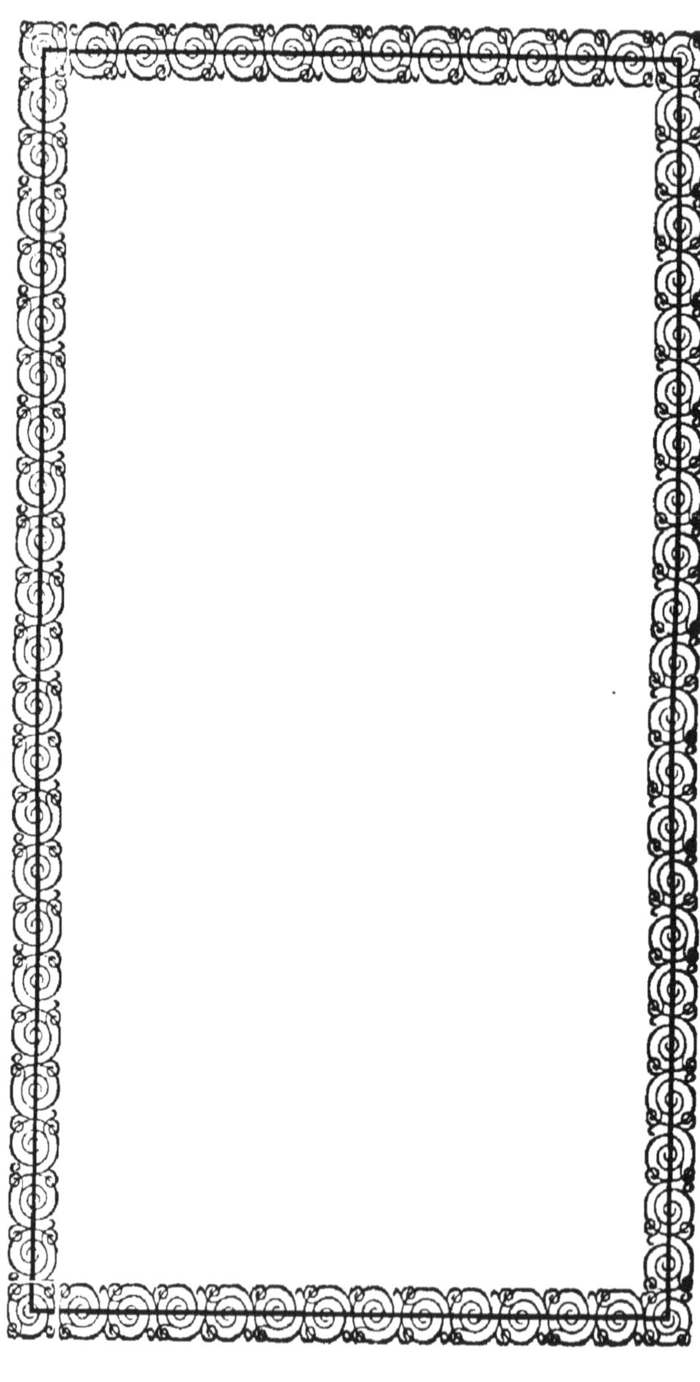

Symboles

ET ENSEIGNES

CARACTÉRISANT LES PEUPLES

ANCIENS.

—

ALAINS ET SUÈVES. — Un Chat.

ATHÉNIENS. — Une Chouette.

ANCIENS BOURGUIGNONS. — Un Chat.

CARTHAGINOIS. — Une tête de Cheval.

CHINOIS. — Des queues de Cheval ou un Dragon.

CELTES. — Une épée.

CORINTHIENS. — Un Cheval aîlé ou Pégase.

DRUIDES (CHEF DES). Des Cerfs.

GAULOIS. — Un Coq.

GOTHS. — Un Ours.

LACÉDÉMONIENS. — La lettre grecque A.

MESSÉNIENS. — La lettre grecque M.

PÉLOPONIENS. — La feuille de Platane, dont leur pays avait la forme.

PERSES. — Un Aigle d'or sur un drapeau blanc.

ROMAINS. — Dans le principe, une botte de foin, puis une Louve, le Minotaure, un Cheval, un Sanglier, enfin l'Aigle. Rome moderne a pour armoiries les clefs de Saint-Pierre.

SAXONS. — Un coursier bondissant.

THRACES. — Une tête de mort.

VÉNITIENS. — Un Lion.

EMBLÈMES

Des Heures

Du Jour.

EMBLÊMES

Des Heures du Jour.

MATIN.

LA PREMIÈRE. — Le Salsifix des Prés.

LA SECONDE. — Le Liondent tubéreux.

LA TROISIÈME. — La Piéride épervière.

LA QUATRIÈME. — La Chicorée sauvage.

LA CINQUIÈME. — Le Pavot à tige nue.

LA SIXIÈME. — L'Epervière en ombelle.

LA SEPTIÈME. — La Ficoïde barbue.

LA HUITIÈME. — L'œillet prolifère.

La Neuvième. — Le Souci des champs.
La Dixième. — La Glaciale.
La Onzième. — La Ficoïde nodiflora.
La Douzième. — Le Salsifix à colonnes.

—

SOIR.

La Première. — La Rose.
La Deuxième. — L'Héliotrope.
La Troisième. — Le Lys.
La Quatrième. — La Jacinthe.
La Cinquième. — Le Pissenlit.
La Sixième. — Le Pavot à tige nue.
La Septième — Le Laitron cultivé.
La Huitième. — La Fleur d'oranger.
La Neuvième. — La Verge d'or.
La Dixième. — Le Bluet.
La Onzième. — Le Souci.
La Douzième. — La Pensée.

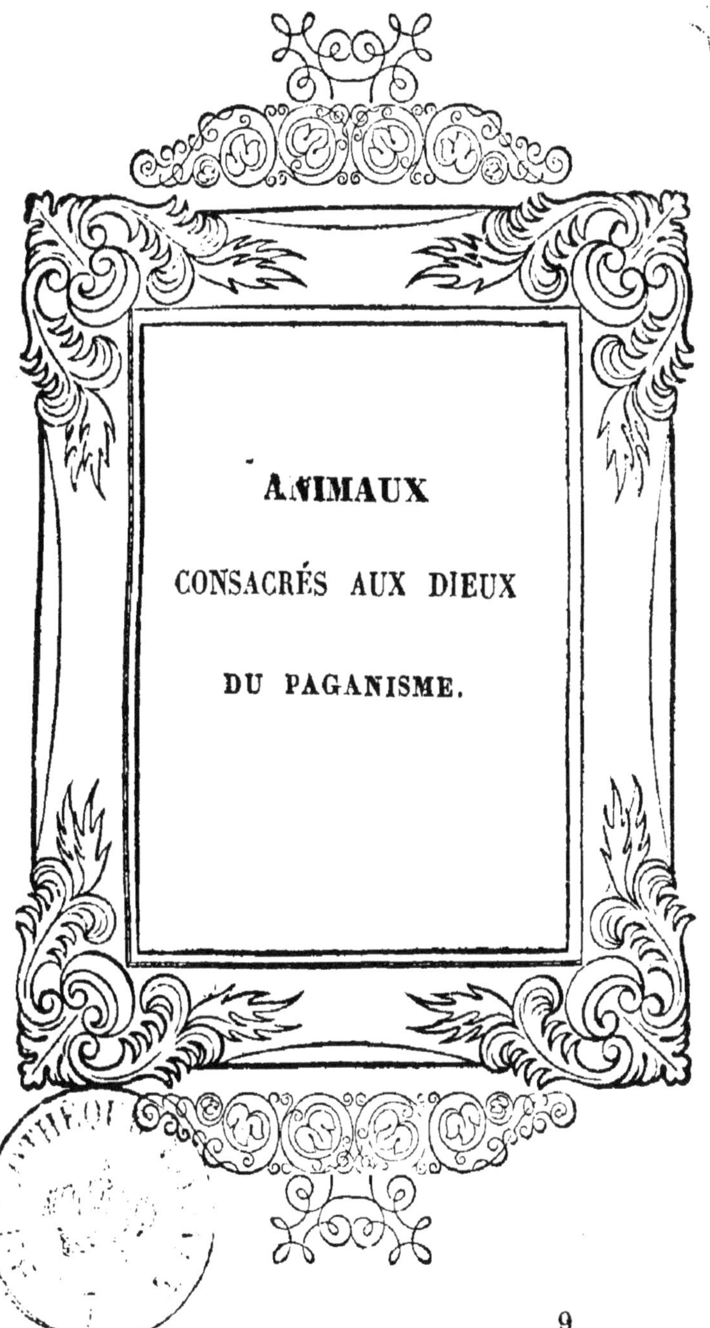

ANIMAUX CONSACRÉS AUX DIEUX DU PAGANISME.

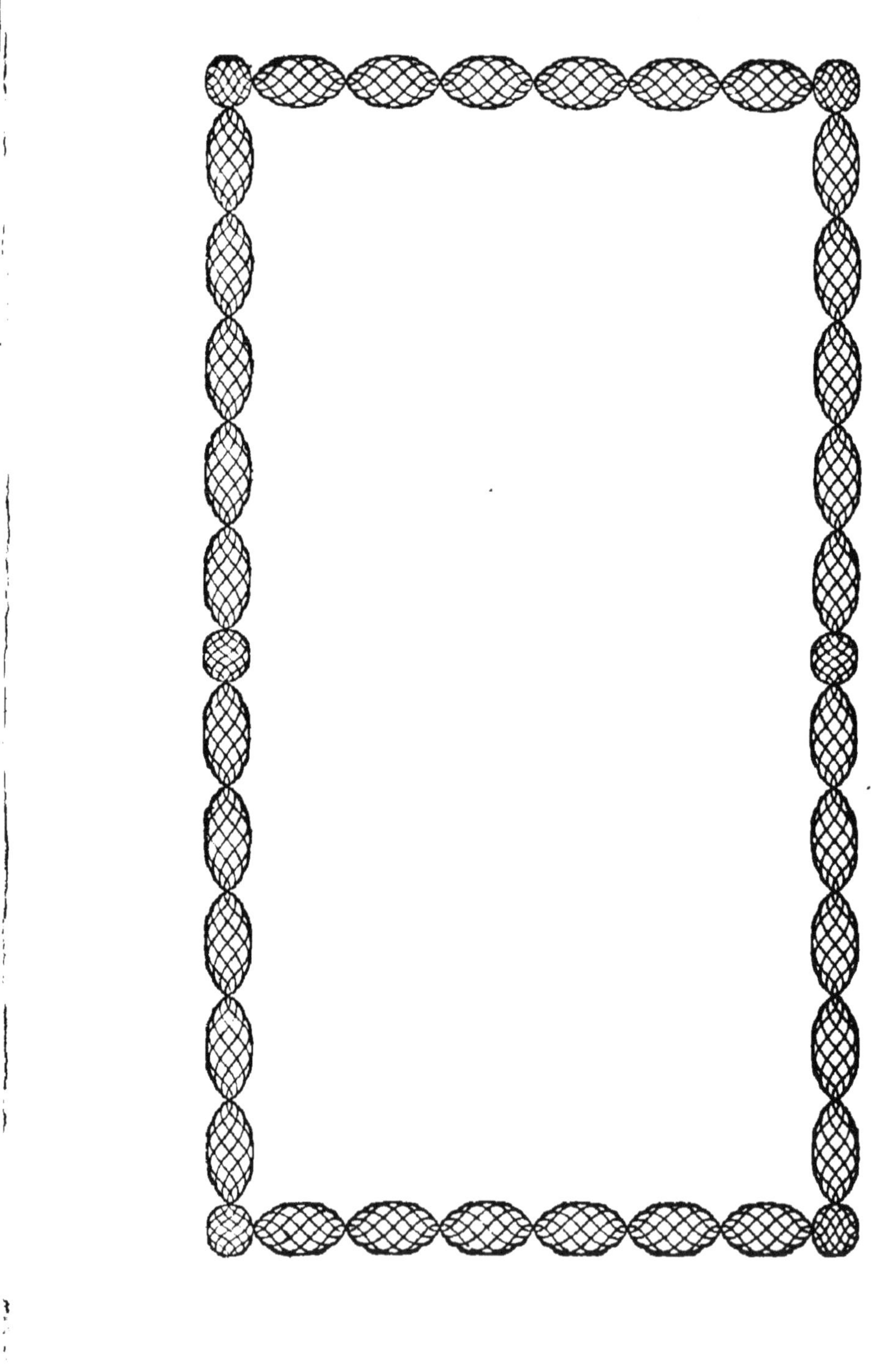

ANIMAUX

Consacrés aux Dieux

DU PAGANISME.

AGNEAU. — Junon.

AIGLE. — Jupiter.

ALCYON. — Thétis.

ANCHOIS. — Vénus.

ANE. — Priape.

BARBEAU. — Diane.

BICHE. — Diane.

BREBIS. — Furies.

CERF. — Hercule.

CHEVAL. — Mars.

CHIEN. — Dieux, Lares ou Pénates.

CHOUETTE. — Minerve.

Cochon. — Cérès.

Colombe. — Vénus.

Coq. — Esculape.

Corbeau. — Apollon. Hercule.

Dragon, animal fabuleux. — Bacchus.

Génisse. — Isis.

Griffon, animal fabuleux. — Bacchus.

Hydre, animal fabuleux. — Hercule.

Lion. — Vulcain.

Loup. — Mars.

Oie. — Isis.

Paon. — Junon.

Pivert. — Mars.

Pie. — Bacchus.

Phénix, animal fabuleux. — Phébus. Soleil.

Serpent. — Esculape.

Thon. — Neptune.

Truie. — Hécate.

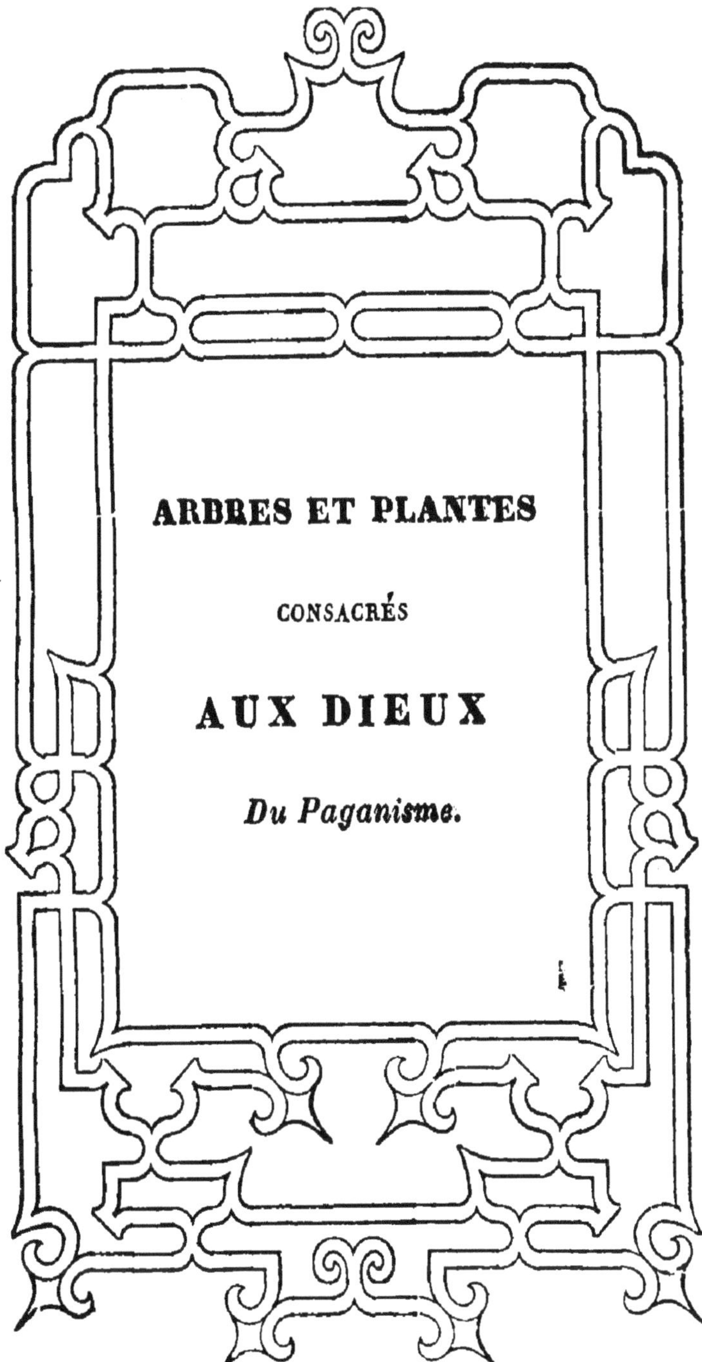

ARBRES ET PLANTES

CONSACRÉS

AUX DIEUX

Du Paganisme.

Arbres et Plantes

CONSACRÉS

AUX DIEUX DU PAGANISME.

AIL. — Lares ou Pénates.
ACAPILLAIRE. — Pluton.
CHÊNE. — Jupiter. Rhée. Sylvain.
CHIENDENT. — Mars.
CYPRÈS. — Pluton. Sylvain.
DICTAME. — Lucine.
FEUILLES DE FIGUIER. — Bacchus.
FRÊNE. — Mars.
GENIÈVRE. — Euménides.
HÊTRE. — Jupiter.
HYACINTHE. — Apollon.
IF. — Cérès.
LAURIER. — Apollon. Mars.

Lierre. — Bacchus. Hébé.

Lys. — Junon.

Myrte. — Vénus.

Narcisse. — Pluton. Proserpine. Euménides.

Nerprun. — Furies ou Euménides.

Olivier. — Minerve.

Palmier. — Muses.

Pampre. — Bacchus.

Pavot. — Cérès.

Peuplier. — Hercule.

Pin. — Cybèle. Rhée. Pan. Faune.

Platane. — Génies.

Pourpier. — Mercure.

Roseau. — Pan.

Rosier. — Vénus.

Safran. — Cérès.

Vigne. — Bacchus.

MOIS DES ROMAINS

CONSACRÉS

aux Dieux du Paganisme.

INERVE. — Présidait au mois de Mars.

VÉNUS. — Avril.

APOLLON. — Mai.

MERCURE. — Juin.

JUPITER. — Juillet.

CÉRÈS. — Août.

VULCAIN — Septembre.

MARS. — Octobre.

DIANE. — Novembre.

VESTA. — Décembre.

JUNON. — Janvier.

NEPTUNE. — Février.

EMBLEMES

DES COULEURS.

EMBLÊMES

DES COULEURS.

AMARANTHE — Indifférence. Immortalité. Constance.

BLANC. — Bonne foi. Pureté. Joie. Candeur. Innocence. Liberté. Modestie.

BLANC MÊLÉ DE ROSE. — Louange.

BLEU. — Amour. Fidélité. Pureté de sentiments. Élévation d'ame. Sagesse. Piété.

LE BRUN FONCÉ. — Douleur profonde.

LA FEUILLE MORTE. — Vieillesse. Destruction.

BRUN. — Humilité.

CRAMOISI. — Véritable piété.

ECARLATE. — Perspicacité.

FAUVE. — Défiance.

GRIS. — Douleur tempérée. Mélancolie.

GRIS-DE-LIN. — Amour constant.

GRIS-DE-FER. — Courage.

INCARNAT. — Santé solide.

Indigo. — Dévotion.

Jaune. — Richesse. Noblesse. Gloire. Splendeur.

Jaune pale. — Infidélité.

Lilas. — Amitié. Amour pur.

Noir. — Deuil. Tristesse. Ténèbres. Mort.

Or (couleur d'). — Magnificence. Puissance.

L'orangé. — Amour de la gloire. Passion.

Pensée. — Souvenir.

Pourpre. — Autrefois c'était la couleur affectée aux empereurs romains ; elle est devenue la marque d'honneur de la haute magistrature : elle signifie puissance suprême.

Rose. — Tendresse. Amour changeant. Jeunesse.

Rouge. — Cruauté. Colère. Feu. Zèle. Pudeur. Amour. Ardeur.

Vert. — Espérance. Affection. Jeunesse. — Autrefois les banqueroutiers frauduleux étaient obligés de porter un bonnet vert. Le bonnet a passé de mode, mais non la chose.

Violet. — Constance. Pénitence.

Un ruban nuancé de plusieurs couleurs, signifie : Eloquence. Persuasion. Raccommodement.

Emblêmes

DES COULEURS RÉUNIES.

AMARANTHE ET BLEU. — Mérite distingué.

AMARANTHE ET ROSE. — Amour respectueux.

AMARANTHE ET JAUNE. — Gloire intéressée.

BLANC ET BLEU. — Sagesse solide.

BLANC ET GRIS. — Infortune désespérante.

BLANC ET ORANGE. — Avancement mérité.

BLANC ET JAUNE PALE. — Penchant décidé.

BLANC ET JAUNE VIF. — Suffisance insupportable.

BLANC ET NOIR. — Persévérance louable.

BLANC ET POUPRE. — Tournure agréable.

BLANC ET CARMIN. — Courage impétueux.

BLANC ET VERT. — Vertu éprouvée.

BLANC ET VIOLET. — Délicatesse incontestable.

BLEU ET FAUVE. — Patience angélique.

BLEU ET GRIS. — Inconstance en tout.

BLEU ET VERMILLON. — Intelligence cultivée.

BLEU EN NOIR — Hypocrisie dangereuse.

Bleu et rouge. — Fidélité en amour.
Bleu et violet. — Modération calculée.
Brun et pensée. — Souvenirs affligeants.
Brun et rose. — Amour tendre.
Cramoisi et gris. — Piété modeste.
Cramoisi et lilas. — Pieux désirs.
Ecarlate et carmin. — Capacité gouvernementale.
Ecarlate et vert. — Sages précautions.
Fauve et rouge. — Faiblesse condamnable.
Fauve et rose. — Soupçons jaloux.
Fauve et vert. — adroite dissimulation.
Gris et fauve. — Incertitude pénible.
Gris et rose. — Amour constant.
Incarnat et fauve. — Bonheur incomplet.
Incarnat et lilas. — Amour de la vie.
Incarnat et violet. — Basse adulation.
Indigo et brun. — Repentir profond.
Indigo et lilas. — Amour divin.
Jaune pale et cramoisi. — Fausse dévotion.
Jaune pale et rose. — Trahison d'amour.
Jaune vif et bleu. — Recherches de jouissance.
Jaune vif et gris. — Envie éffrénée.
Jaune vif et incarnat. — Bonheur parfait.
Jaune vif et noir. — Complète satiété.
Jaune vif et vert. — Libéralité bien entendue.
Jaune vif et violet. — Service rénuméré.
Lilas et bleu. — Désir d'apprendre.
Lilas et rose. — Besoin d'aimer.
Noir et fauve. — Maladie lente.

NOIR ET GRIS. — Convalescence prolongée.
NOIR ET INCARNAT. — Austérité inutile.
NOIR ET VIOLET. — Fourberie coupable.
ORANGÉ ET BLEU — Science aimable.
ORANGÉ ET VIOLET. — Douce intimité.
PENSÉE ET BLANC. — Souvenirs de l'âge tendre.
PENSÉE ET ROUGE. — Vifs souvenirs.
POURPRE ET JAUNE VIF. — Bonheur suprême.
POURPRE ET NOIR. — Grandeur déchue.
ROSE ET BLANC. — Fraîcheur énivrante.
ROSE ET BLEU. — Amour des beaux-arts.
ROSE ET JAUNE PALE. — Faible attachement.
ROSE ET JAUNE VIF. — Intérieur agréable.
ROSE ET NOIR. — Désespoir amoureux.
ROSE ET VIOLET. — Urbanité sincère.
ROUGE ET GRIS. — Ambition déplacée.
ROUGE ET JAUNE PALE. — Jalousie sans raison.
ROUGE ET JAUNE VIF. — Soif de l'or.
ROUGE ET NOIR. — Humeur maussade.
ROUGE ET ROSE. — Force factice.
ROUGE ET VERT. — Audace louable.
ROUGE ET VIOLET. — Amitié dévouée.
VERT ET BLEU. — Gaieté folle.
VERT ET GRIS. — Regrets cuisants.
VERT ET CARMIN. — Doux espoir.
VERT ET NOIR. — Espérance déçue.
VIOLET ET FAUVE. — Danger imminent.
VIOLET ET GRIS. — Confiance aveugle.
VIOLET ET CARMIN. — Attachement durable.
VIOLET ET VERT. — Réserve prudente.

COULEURS APPLIQUÉES AUX ÉLÉMENTS.

ECARLATE. — Le feu.
VERT CLAIR. — L'eau.
BLEU. — L'air.
NOIR. — La terre.

COULEURS APPLIQUÉES AUX SAISONS.

LE PRINTEMPS. — Vert tendre.
L'ÉTÉ. — Jaune.
L'AUTOMNE. — Rouge.
L'HIVER. — Blanc.

COULEURS APPLIQUÉES AUX DOUZE MOIS DE L'ANNÉE.

JANVIER. — Blanc.
FÉVRIER. — Couleur arbitraire.
MARS. — Rouge-noirâtre.
AVRIL. — Vert.
MAI. — Vert.
JUIN. — Vert-jaunâtre.
JUILLET. — Jaune.
AOUT. — Couleur de feu.
SEPTEMBRE. — Pourpre.
OCTOBRE. — Incarnat.
NOVEMBRE. — Feuille-morte.
DÉCEMBRE. — Noir.

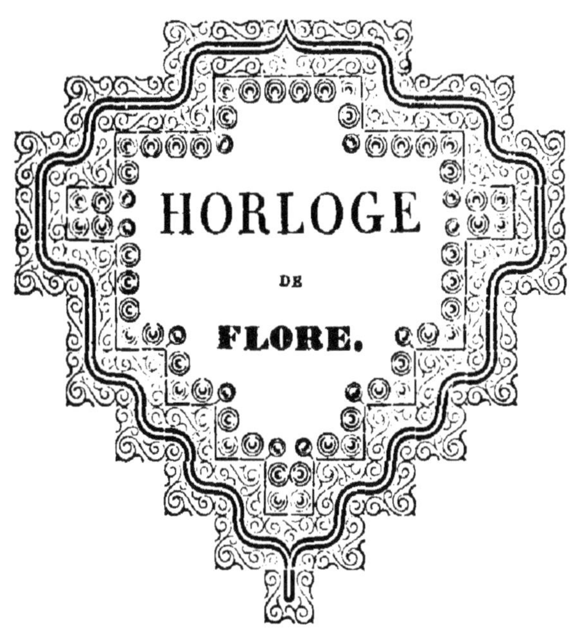

HORLOGE

DE

FLORE.

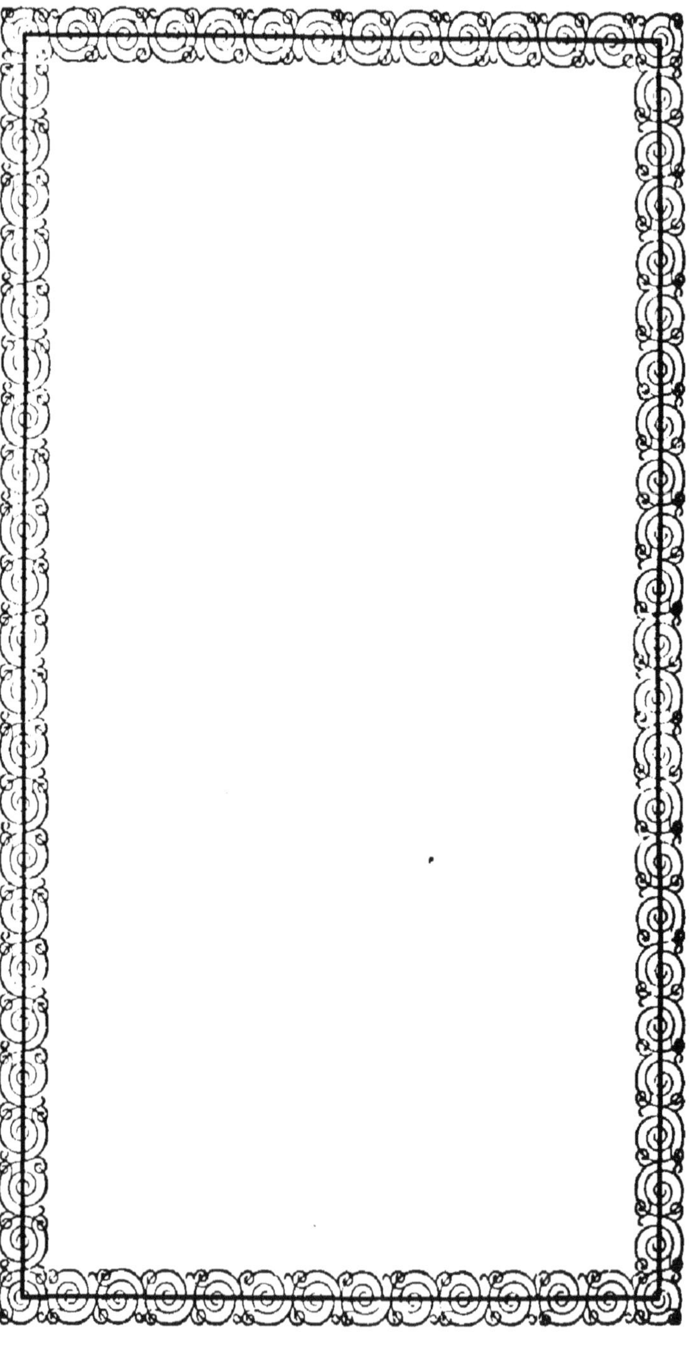

Horloge de Flore.(*)

ATTENTIFS à soigner l'espoir d'une race nombreuse dont le sort leur a été confié, les téguments floraux ne se bornent pas à choisir la saison plus favorable à la fécondation, elles étudient encore l'heure de la journée qui peut lui être le plus propice et se ferment ou s'ouvrent à des heures différentes : le matinal *Salsifix* ouvre son sein aux premiers rayons du jour ; le *Nymphœa*, dont l'éclatante blancheur rappèle les charmantes déités habitantes des eaux, étale le luxe de son brillant calice à la surface de nos étangs, lorsque le soleil a marqué sept heures ; la *Dame d'onze heures*, tardive et paresseuse ne se réveille que vers le milieu de la journée, et le *Géranium triste* ne répand son parfum que lorsque le soir s'apprête à tendre son voile sombre.

(*) Extrait de la BOTANIQUE DES DAMES, ou méthode facile de connaître les végétaux sans maîtres, par un professeur de Botanique, 3 volumes in-18, dont un de planches, papier velin, prix : 7 fr. 50 c.

Toutes les heures de la journée sont ainsi marquées par le réveil des plantes et en combinant ces époques avec l'heure de leur *sommeil*, on peut faire une sorte d'horloge, qui varie selon les climats ; Linné a établi pour la ville d'Upsal le brillant cadran que nous allons offrir ; pour la latitude de Paris, il faut avancer d'une heure toutes les époques.

HEURES du lever ou de l'épanouissement.		NOMS DES PLANTES OBSERVÉES	HEURES du coucher ou de la clôture des fleurs.	
Matin.	Soir.		Matin.	Soir.
h	h.		h.	h.
3 à 5		Salsifix des prés.	9 à 10	
4 à 5		Liondent tubéreux.		3
4 à 5		Picride Epervière.		
4 à 5		Chicorée sauvage.	10	
4 à 5		Crépide des toits.	10 à 12	
4 à 6		Picridie.	10	
4 à 6		Scorsonère d'Afrique.	10	
5		Laitron cultivé.	11 à 12	
5		Pavot à tige nue.		7 à 8
5		Hémérocalle fauve		7
5 à 6		Pissenlit.	8 à 9	
5 à 6		Crépidi des Alpes.	11	
5 à 6		Liseron droit.		7 à 8
5 à 6		Lampsane.	10	
5 à 6		Salsifix à colonnes.	11	
6		Porcelle tâchée.		4 à 5
6		Epervière en ombelle		5

HEURES du lever ou de l'épanouissement. Matin.	Soir.	NOMS DES PLANTES OBSERVÉES.	HEURES du coucher ou de la clôture des fleurs. Matin.	Soir.
h.	h		h.	h.
6 à 7		Epervière des murs.		2
6 à 7		Epervière piloselle.		3 à 4
6 à 7		Crépide rouge.		1 à 2
6 à 7		Laitron des champs.	10 à 12	
6 à 7		Laitron de Belgique.		2
6 à 7		Porcelle hispide.		2
6 à 8		Alysson utriculé.		4
7		Laitron de Laponie.	12	
7		Liondent en fer de lance.		3
7		Laitue cultivée.	10	
7		Souci des pluies.		8 à 4
7		Nénuphar blanc.		5
7		Anthéric rameux.		3 à 4
7 à 8		Ficoïde barbue.		2
7 à 8		Ficoïde llnguiforme.		3
8		Epervière Auricule.		2
8		Mouron des champs.		3
8		Œillet prolifère.		1
9		Epervière Chondrille		1
9		Souci des champs.	12 à	3
9 à 10		Sabline rouge.		2 à 3
9 à 10		La Glaciale.		3 à 4
9 à 10		Mauve rose.		1
10 à 11		Ficoïde nodiflore.		3
	5	Belle de nuit.	9 à 10	
	6	Géranium triste.		
	8 à 9	Silène noctiflore.		
	8 à 9	Cierge à grandes fleurs		12

Ce n'est pas encore assez d'avoir épié, pour ainsi dire, le moment qui promettait le plus de chances heureuses aux phénomènes de la fructification, les enveloppes florales auraient vu leurs soins affectueux en défaut, si elles n'avaient su prévoir les accidents inopinés qui peuvent troubler la paix de l'atmosphère ; un instinct admirable leur fera deviner les troubles dont le ciel va devenir le théâtre ; aussi certaines fleurs, le *Souci des pluies*, par exemple, restent closes lorsqu'elles sentent l'approche des orages destructeurs, d'autres se hâtent de s'épanouir quand le ciel commence à se couvrir de nuages qui recèlent dans leurs flancs l'effroyable tempête : le *Laitron de Sibérie*, par exemple, ouvre sa fleur pendant la nuit, si le jour suivant doit être pluvieux.

Ces plantes peuvent donc nous donner de salutaires avertissements ; comme celles qui fleurissent à des époques déterminées peuvent nous donner d'utiles renseignements sur l'état des saisons et nous diriger dans les travaux de l'agriculture et dans la distribution et la décoration de nos parterres. C'est, en effet, l'étude des époques de l'épanouissement des fleurs qui annonce le moment des semis et des récoltes diverses ; c'est elle qui permet de régler avec goût la plantation de nos jardins et qui fait adopter un heureux choix de végétaux, qui de saison en saison, de jour en jour et même d'heure en heure, nous offre un spectacle enchanteur, et fait passer successivement sous nos yeux tous les trésors de Flore. On reconnait les agréables retraites qu'un botaniste a plantées: elles sont toujours fraîches, toujours brillantes, toujours ornées des plus séduisantes couleurs: celui qui connaît la nature sait l'asservir.

MONTRE SOLAIRE DE FLORE.

TOUTES les fleurs ne s'épanouissent pas aux mêmes heures. La rose s'entr'ouvre aux premiers rayons du soleil ; la belle-de-nuit (*nictago*) ne montre l'éclat de sa fleur qu'au moment où la lumière du jour s'éteint.

Si toutes les plantes étaient ainsi influencées par le soleil, il serait aisé de former une horloge dans laquelle Flore ordonnerait, pour ainsi dire, à chaque fleur de s'épanouir à une heure déterminée.

Mais la nature n'est point aussi exacte dans ses opérations que les montres fabriquées par nos horlogers ; et l'*Horloge de Flore* pourrait bien vous faire dîner quelquefois deux, ou trois heures trop tard ou deux ou trois heures trop tôt, ce qui paraîtrait fort incommode à votre cuisinier, et surtout à l'estomac de vos convives. Il est quelques personnes dont l'estomac est

(*) Cet article est tiré du charmant ouvrage de Brès, intitulé : l'ABEILLE DES JARDINS, gros volume in-18, très-beau papier velin, orné de douze belles gravures en taille-douce, prix : 2 francs 50 cent.

mieux réglé que la montre, et qui vous diront juste l'heure qui est au dégré de leur appétit.

Si l'on ne peut faire une horloge exacte selon le système précédent, on peut tirer des fleurs un parti fort agréable pour décorer une montre solaire, semblable à celle que Zéphyre se plut autrefois à former sur le bord d'un ruisseau, en attendant le retour de Flore.

Le Dieu léger lui donna le nom de *Montre solaire de Flore*, parce que cette déesse en parut enchantée, et que ce fut sur cette montre qu'elle fixa désormais les heures de son arrivée dans le riant vallon où Zéphyre se morfondait quelquefois à l'attendre.

Un soleil (*helianthus*) s'élevait au milieu d'un cercle qui marquait les différentes heures. Un pied de clématite grimpait à un bâton, incliné de 40 dégrès sur l'*helianthus*; car c'était près d'Amathonte que Zéphyre travaillait. A Paris, il aurait incliné ce bâton de 49 degrés, parce que la latitude le demande, et personne ne connaît mieux que Zéphyre les différentes latitudes.

Lorsqu'il eut placé convenablement son style, il planta les plus jolies fleurs sur les points de son cadran qui indiquaient les heures. Les fleurs formaient ainsi le cercle le plus riant et le plus gracieux qu'on ait jamais vu. Il pria l'Aurore de leur accorder beaucoup de cette rosée que les poëtes regardent comme ses larmes; et vous devez croire qu'il ne négligea point de souffler dessus le plus doucement qu'il lui fut possible, afin de leur donner le plus pur éclat du monde.

L'ombre de son style, lorsqu'elle marquait les premières heures du matin, se portait sur des roses, ensuite sur des œillets. L'anémone était plantée sur le point de la neuvième heure: on voyait des marguerites sur l'heure de midi. La julienne, la jonquille, le narcisse indiquaient les heures de l'après-midi; ensuite se présentaient des belles-de-nuit et des pavots pour marquer les heures du repos et du sommeil; car autrefois les dieux se couchaient presque toujours avec le soleil.

Zéphyre pensa qu'il fallait marquer les demi-heures: il les indiqua par des fleurs dont les tiges sont courtes, telles que sont celles des violettes, des petits œillets et les oreilles d'ours, qui alors portaient un nom plus poétique.

Son *hélianthus* fleurit à merveille au milieu de son cadran, et représentait assez bien le disque du soleil. Vous savez que cette fleur se tourne toujours du côté où se trouve l'astre du jour, Zéphyre le savait aussi, il prétendait qu'il pouvait, par ce moyen seul, connaître les différentes heures.

Quand son ouvrage fut achevé, Flore, comme je l'ai dit, en fut enchantée: elle en parla aux dieux de l'Olympe. Jupiter voulut voir cela, et ordonna qu'un brevet d'invention serait délivré à Zéphyre par Mercure, son garde-des-sceaux. Apollon fit une devise pour la *Montre solaire de Flore*; la voici.

PUISSENT TOUS LES INSTANTS DE VOS JOURS FORTUNÉS,
SE COMPTER PAR LES FLEURS DONT CES LIEUX SONT ORNÉS!

Les montres solaires ordinaires peuvent recevoir des fleurs divers ornements. Autour de leur piédestal on peut semer quelques plantes grimpantes, telles que les liserons du Canada : cela formera une colonne de verdure fort agréable.

Voici une inscription que l'on pourra graver sur le chapiteau de cette colonne :

Vous qui vivez dans ces demeures,
Êtes-vous bien? demeurez-y;
Et n'allez pas chercher midi
À quatorze heures.

VOLTAIRE.

Cette inscription vaut un petit traité de morale.

Quelque bien qu'on puisse être, on veut changer de place.

L'homme est ainsi fait. Il se figure des biens infinis au-delà de son horizon : il traverse les fleuves, les montagnes, il passe des précipices. Il pouvait vivre heureux dans son jardin, il va faire naufrage au sein des mers, et c'est alors seulement que les gnomons marquent pour lui l'heure du repos.

Faites votre jardin si agréable, qu'il ne vous prenne jamais envie d'en sortir, et que vos amis désirent y rester toujours auprès de vous.

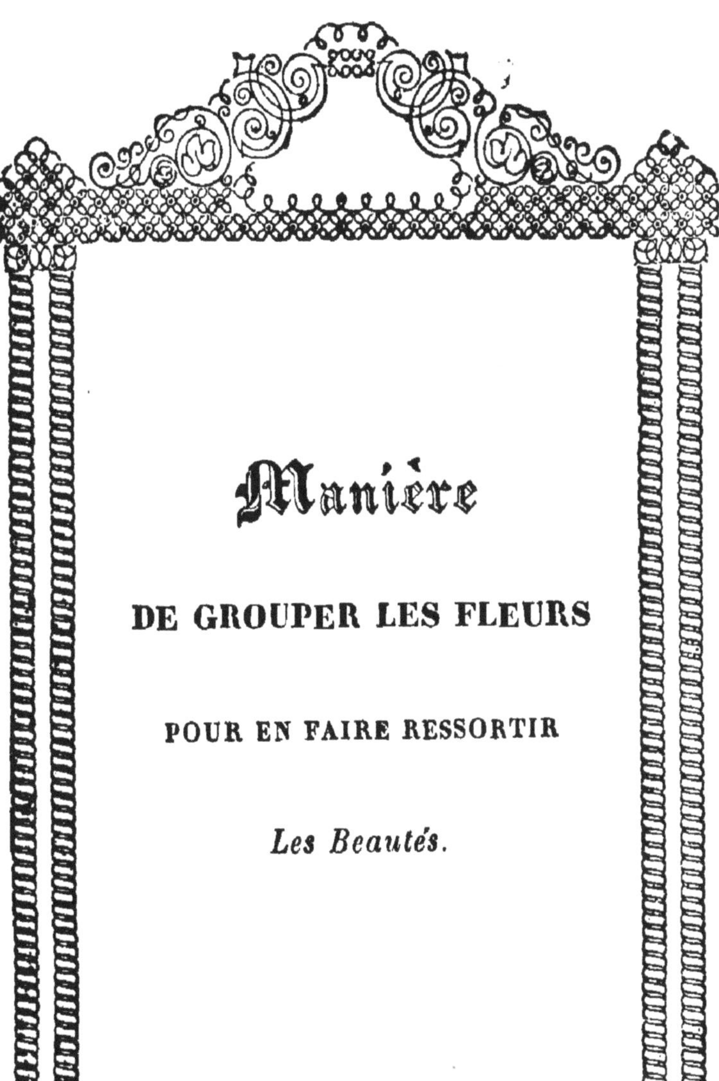

Manière

DE GROUPER LES FLEURS

POUR EN FAIRE RESSORTIR

Les Beautés.

Manière

DE GROUPER LES FLEURS

POUR EN FAIRE RESSORTIR LES BEAUTES.

La nature si variée dans ses ouvrages offre un grand nombre infini d'objets à notre admiration ; mais de toutes ses productions, les fleurs sont celles qui nous charment le plus agréablement. Maintenant nous ne les regardons plus comme entièrement inanimées ; l'une fuit la main indiscrète qui veut la toucher, l'autre aussi pudique célèbre son hymen au fond des eaux, d'autres enfin recherchent l'éclat du jour, et semblent sommeiller lorsqu'il les abandonne. Nous avons un plaisir infini à les voir ; mais elles offrent à l'artiste qui les étudie, mille charmes de plus : et si des lois sont dictées par l'art à celui qui les peint, pourquoi ne pas recourir aux mêmes règles pour les disposer avec grâce dans une corbeille qui doit être offerte, ou dans un vase destiné à l'ornement d'un salon que les fleurs soient artificielles, ou qu'on ait eu le plaisir de les cueillir !

Si l'on veut grouper des fleurs, c'est au centre que l'on doit placer les plus belles et les plus grandes, puis les moyennes, ainsi de suite jusqu'aux plus petites qui doivent être aux extrémités: cependant pour lier agréablement le tout ensemble, il faut avoir soin de glisser de petites fleurs entre les grandes et les moyennes, et de bien opposer les couleurs, telles que le pourpre, le violet, le lilas et le bleu clair, près du jaune, si c'est la couleur des principales fleurs.

Le jaune tendre, le couleur de chair, le bleu et le blanc, près du rouge.

Avec le violet : le rose, l'orangé, le jaune tendre et le blanc feront un bon effet.

Avec le bleu, il faut choisir le pourpre, l'orangé, le jaune tendre et le blanc.

Il faut éviter de placer près l'une de l'autre deux couleurs principales, comme le jaune foncé, le carmin et le bleu.

On remarquera que le vert foncé fait bien près des couleurs claires, et le vert clair près des couleurs sombres.

Dans un jour anniversaire où l'on se plaît à payer un tribut d'amour à la nature, à l'amitié, si l'on veut orner de guirlandes de fleurs un appartement, on s'attachera à donner aux festons une forme gracieuse. Ils doivent être renflés dans le milieu, et aller en diminuant jusqu'aux extrémités : on placera, comme pour les bouquets, les fleurs les plus belles par leur grandeur et leur couleur, au centre ; ensuite, celle de moindre dimension, comme je l'ai déjà indiqué. On mettra à côté l'une de l'autre les couleurs qui, malgré leur opposition, soient amies, en se servant de fleurs pour nuancer la guirlande, comme si c'étaient des couleurs disposées sur un palette ; de cette manière, les fleurs les moins belles serviront à faire valoir la beauté des autres. Les fleurs simples se placent de préférence aux extrémités ; et le bon goût qui indiquera que les fleurs panachées doivent être placées à côté de celles de couleurs unies, suppléera à tout ce qui manque à cet article que la briéveté de l'ouvrage ne me permet pas d'étendre davantage.

Bouquets

ALLÉGORIQUES.

Bouquets Allégoriques.(*)

BOUQUET D'AMOUR FILIAL.

C'EST aujourd'hui la veille d'un heureux jour pour nous, mon frère; tu vois que je veux parler de la fête de maman. Quel plaisir nous allons goûter en lui donnant notre bouquet! tu sais avec quel satisfaction elle le recevra. Descendons au jardin, et choisissons les fleurs les plus belles et les plus fraiches : commençons par cueillir ce joli muguet : c'est bien le retour du bonheur pour nous. Oh oui, ma sœur, tiens, coupe cette belle branche de géranium qui répand une si douce odeur! maman m'a dit souvent que cette plante exprimait les plus beaux sentiments. Cette giroflée qui marque la simplicité de nos cœurs! cette jolie tige d'héliotro-

(*) Voyez les exemples présentés dans l'avis de l'éditeur, pages 9 et 10.

pe ! Oh ! nous aimons bien maman plus que nous-mêmes ; ces immortelles lui diront que nous la chérirons toute la vie, ces beaux œillets (1) lui exprimeront notre amour ; et ces deux boutons de rose, c'est nous, mon frère ; ôtons-en soigneusement les épines pour ne pas déchirer ses jolies mains : viens dans la prairie, mon bon Jules, nous y prendrons quelques joncs (2) ; tu sais bien ce que cela veut dire ? Aussitôt dit aussitôt fait ; ils attachent donc leur bouquet avec des joncs, le posent sur un lit de mousses (3), après l'avoir enveloppé de feuilles vertes (4) : Ah ! ma sœur, nous avons oublié la fleur favorite de maman, la pensée : aussi, tu me presses tant ! Vite ils détachent le bouquet, et y joignent les plus belles pensées ; ensuite ils enlacent leurs petits bras, et s'en vont tout fiers porter leur offrande. Heureuse mère ! quels délicieux sentiments tu vas éprouver ! ! !

---

(1) Amour pur. (2) Docilité. (3) Sensations douces, sensations heureuses. (4) Espérance

BOUQUET A LA RECONNAISSANCE.

CE bouquet pourrait être composé ainsi : une branche de figuier, unie à la vervaine pour marquer la reconnaissance et la pureté des sentiments ; une tige de fleur de lin annoncerait que le cœur sent tout ce qu'il doit ; du buis, la solidité et la durée de l'attachement ; le géranium peindrait l'estime parfaite ; de la camomille romaine, pour désigner que l'on désire se rendre digne des services que l'on a reçus ; une branche de vigne-vierge ou douce-amère, pour la sincérité de l'âme ; les petites fleurs de la myosotis exprimeraient la crainte d'être oublié ; des fleurs de tamier ou sceau de Notre-Dame réclameront de nouveau la protection ; des feuilles d'ormeau témoigneraient la considération et le respect ; et enfin, des immortelles et des pensées, dont on connaît la signification : mais, pour embellir ce bouquet, on pourrait y ajouter des œillets et des roses.

BOUQUET D'AMOUR.

VA, bouquet chéri, porte à celle que j'aime l'image de mes sentiments, dis-lui tout ce qu'un cœur bieu épris peut sentir de plus tendre ! Puissai-je t'animer de mes feux ! Puisse ta muette éloquence lui peindre mon ardeur ! ! ! Beaux œillets (1), brillez-y de toutes parts ; tendre héliotrope (2), faites-lui connaître l'excès de mon amour ! le tournesol (3) lui apprendra que je ne vois et ne désire qu'elle ; la branche de fusain (4), que son image est pour jamais tracée dans mon cœur : le myrte (5), les immortelles (6), le lierre amoureux (7), s'uniront pour lui

(1) Amour pur. (2) Je vous aime plus que moi-même. (3) Mes yeux ne voient que vous. (4) Votre image et tracée dans mon cœur. (5) Amour. (6) Amour sans fin. (7) Je meurs où je m'attache.

prouver la flamme la plus constante et la plus pure. Aimable langage ! ah, permets-moi d'emprunter tes expressions touchantes ! elles seules conviennent à mon amour.

JEU
DES FLEURS.

Jeu des Fleurs.

ARTICLE PREMIER.

CE Jeu se compose de 52 cartes sur chacune desquelles se trouve dessinée ou simplement nommée une fleur.

2. Il faut qu'il y ait trois fleurs ou leurs noms, pour chacune des lettres A. D. E. I. L. O. U; deux pour chacune des lettres B. C. F. G. M. N. P. Q. R. S. T. V. et une pour les autres. C'est-à-dire, une, deux ou trois cartes sur lesquelles on aura dessiné ou écrit le nom d'une fleur dont la lettre initiale sera un A, un B, un C, etc.

3. Au moyen de ces cartes, qui sont alternativement distribuées aux joueurs, on doit former un bouquet exprimant une pensée, et on présente ce bouquet à l'un des joueurs ou des joueuses, à son choix. Par exemple, un joueur voulant dire à une dame : *Je t'aime*, assemblera les cartes représentant ou indiquant les fleurs suivantes.

J Jacinthe.
E Euphrasia.
T' Tulipe.
A Anémone.
I Immortelle.
M Marguerite.
E Eupatoire.

4. La même pensée ne pourra être reproduite deux fois dans le cours du jeu, et celui qui le premier ne satisfera point à l'article précédent, donnera autant de gages qu'il y aura de joueurs.

5. Le tour se continuera de façon qu'à partir de cette premiere remise de gages, tous les joueurs aient présenté un bouquet, ou qu'ils aient donné un gage, suivant qu'ils auront ou n'auront pu former le bouquet exigé d'eux.

6. Les gages seront ensuite rendus à ceux qui les auront donnés, comme cela se pratique dans tous les jeux de société.

7. Après les gages rendus, on pourra recommencer, et, dans ce cas, les pensées qui auront été formées au tour précédent, pourront être reproduites.

8. Pour donner plus d'intérêt à ce Jeu, on pourra convenir que les pensées devront être ou obligeantes, ou désagréables, ou critiques.

9. S'il y avait plus de quatre joueurs, il faudrait augmenter proportionnellement le nombre des cartes, chacun d'eux ne devant pas en avoir moins de douze, ni plus de quinze, pour former son Bouquet.

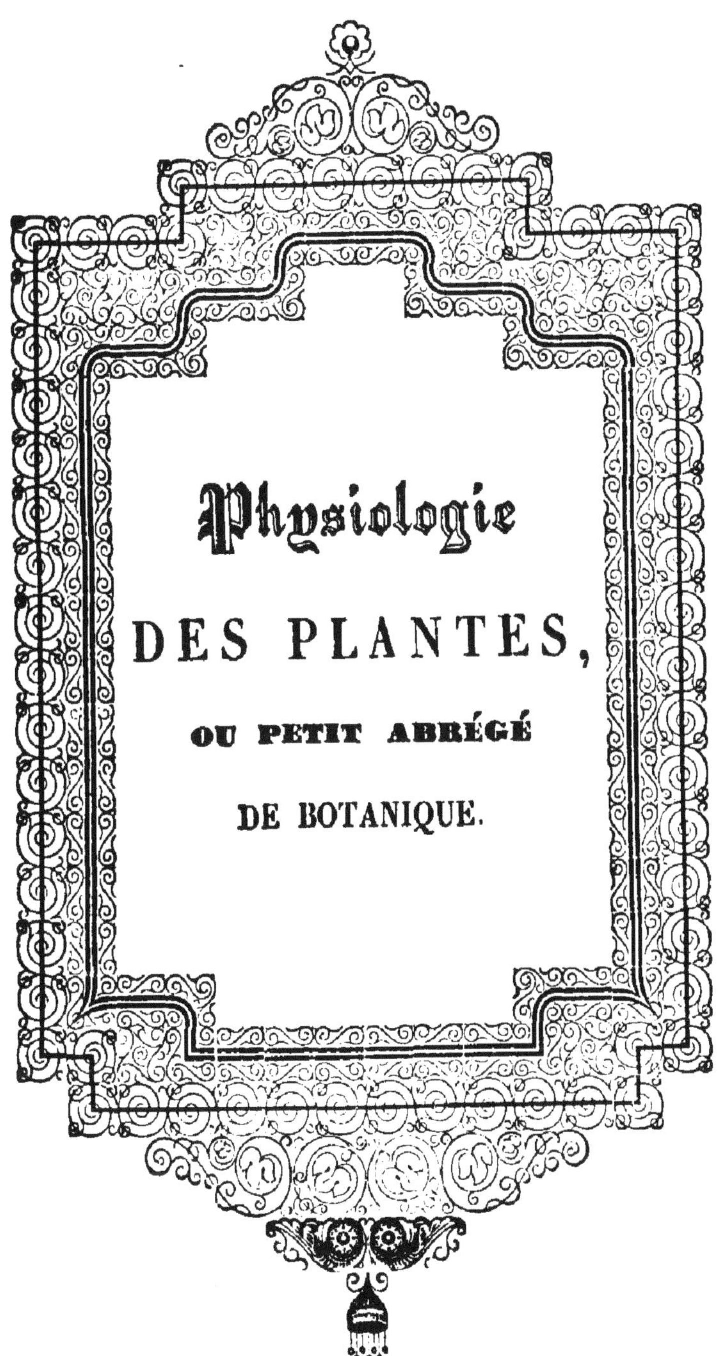

Physiologie DES PLANTES,

OU PETIT ABRÉGÉ DE BOTANIQUE.

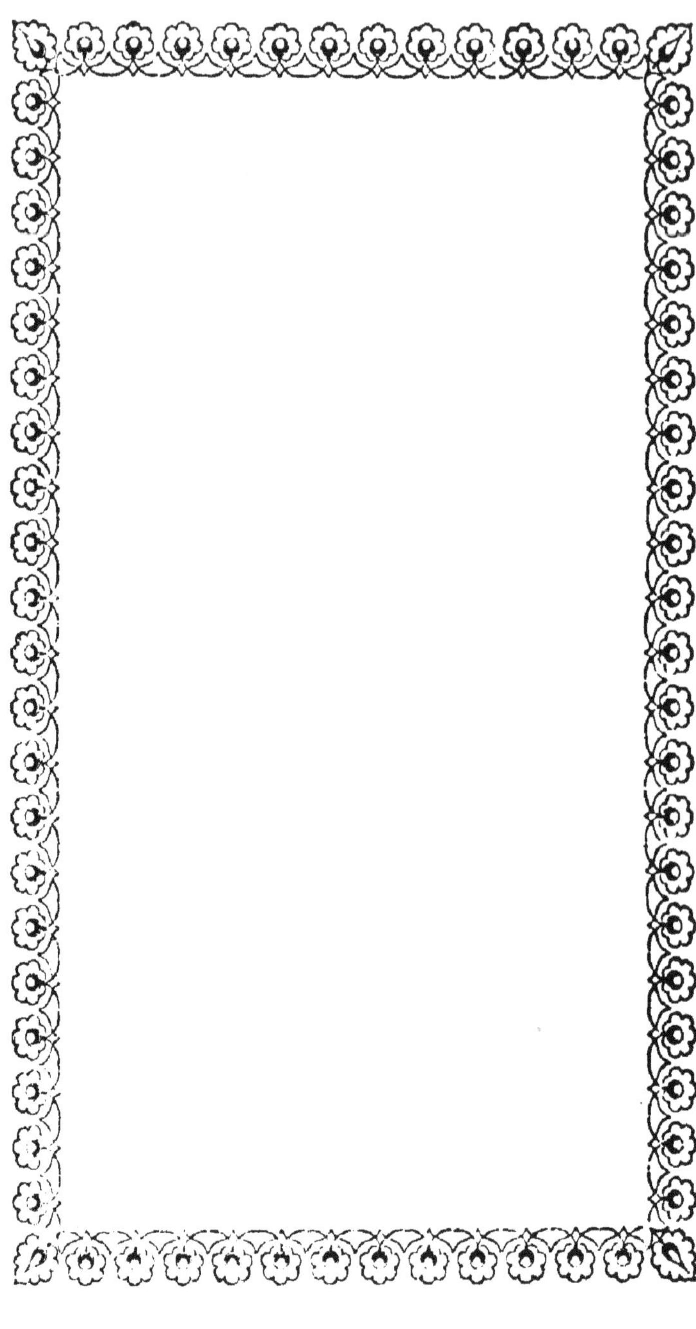

Physiologie

DES PLANTES,

OU PETIT ABRÉGÉ

DE BOTANIQUE.

LA Botanique consiste dans la connaissance des végétaux, celle de leur structure, de leurs usages, de leur situation, de leurs proportions, de leurs organes, et dans l'art de les distinguer et de les décrire.

Les principaux organes des végétaux sont la *racine*, la *tige*, la *feuille*, la *fleur*, le *fruit*, la *semence*.

La *semence* confiée à la terre y demeure jusqu'à ce que la chaleur nécessaire pour animer le point vital, le cœur de la plante, se fasse sentir, alors elle se gonfle et l'*embryon* se nourrit des sucs de la terre, épurés et atténués à travers les lobes qui l'accompagnent, et qu'on nomme *cotylédons*. Dès que l'embryon a acquis un peu plus de force, l'épiderme de la semence se rompt, ses lobes s'écartent, la *plumule* s'élève, et la *radicule* descend. La plumule sort de la terre accompagnée de ses lobes changés en feuilles séminalles, qui périssent aussitôt : la radicule, plus vigoureuse, est devenue une racine simple, rameuse ou chevelue, qui pompe les sucs nourriciers, la plumule se développe et forme la *tige* qui part de la racine ; dans les arbres c'est le *tronc ;* dans les graminées, c'est le *chaume* ; on la nomme *hampe* dans les plantes dont la fleur est terminale, c'est-à-dire, au sommet de la tige.

Les feuilles sont les organes de la respiration, quelques végétaux n'en ont point, mais la plupart en sont parés; les différences qu'on observe dans leurs formes, et dans leur position, sont innombrables.

La disposition des fleurs se nomme *floraison*, elles sortent comme les feuilles, de la racine, de la tige ou des branches. La fleur termine la tige, ou bien elle est placée à l'insertion des feuilles ou des branches ; elle est *sessile* ou portée sur un *pédoncule*, élevée ou inclinée Elle regarde le soleil ou la terre. On trouve quelquefois plusieurs fleurs sur un seul pédoncule : elles y sont réunies en masse, en bouquet, en grappe, en thyrse, en ombelle, en corymbe, etc.

C'est dans la fleur que sont les parties importantes de la fructification. Le *calice* est une continuation de la substance de l'écorce de la tige, presque tous les végétaux en sont pourvus. Son emploi est d'envelopper, de défendre et de protéger les organes sexuels ; il est placé sous le pistil, dont la surface supérieure lui sert quelquefois d'épiderme. Le calice survit à la corolle ou tombe avec elle.

La *corolle*, enfermée dans le calice, est l'enveloppe intérieure des organes de la génération ; elle est le plus souvent colorée ; elle manque dans quelques plantes, mais la plupart en sont pourvues, c'est ce que vulgairement on nomme la fleur ; elle périt ordinairement après la fécondation. Elle est placée au-dessus, au-dessous et autour du pistil, et composée d'un ou de plusieurs *pétales ;* c'est ainsi qu'on nomme ses petites feuilles. La corolle *monopétale*, celle qui n'a qu'un pétale, prend la forme d'un entonnoir, d'une soucoupe, d'une cloche, d'un masque, selon les divisions de ses bords, la corolle *polypétale*, ou à plusieurs pétales, est regulière si ces pétales sont disposés dans un ordre régulier ; comme en rose, en croix, en étoiles, en molette d'éperon : elle est irrégulière, si elle est formée de plusieurs pièces bizarrement disposées. Les pétales sont quelquefois accompagnés d'organes particuliers que l'on confond sous le nom de *nectaires*, parce qu'ils sont ordinairement remplis d'une liqueur sucrée, nectar dont les abeilles composent leur miel.

Au milieu de la corolle sont les organes générateurs pour lesquels tous les autres semblent avoir été formés.

L'*étamine* est l'organe mâle du végétal ; elle consiste principalement dans une *anthère* sessile, ou supportée par un filet. Elle s'insère dessus, dessous, autour du *style*, sur les pétales. L'anthère est un petit sac à une ou plusieurs loges, qui s'ouvrent sur les côtés ou à son extrémité, pour laisser échapper le *pollen*, poussière le plus ordinairement jaune, composée de petites vésicules sphériques qui contiennent l'*esprit séminale*, et se flétrissent après l'avoir répandu. Le pollen est la matière de la cire des abeilles. Les étamines sont quelquefois réunies par les anthères, quelquefois par les *filets*, en un ou plusieurs paquets ; ces filets sont d'une longueur disproportionnée, deux ou quatre, étant plus grands que les autres. Le nombre des étamines varie ; il est déterminé depuis un jusqu'à douze, mais au-dessus le nombre est indéterminé. Les étamines éprouvent un mouvement convulsif quand on les irrite ; elles tombent bientôt après la fécondation ; quelques-unes sont surabondantes ou avortent.

L'organe femelle se nomme *pistil*: il est placé au centre de la fleur; sur le *réceptacle*, et est composé de trois parties : le *germe*, situé à la base qui conserve les embryons des semences, et la semence qui sert à leur nutrition ; le *style*, colonne ronde et creuse, plus ou moins allongée, terminé par le *stigmate*, ouverture à plusieurs divisions, qui reçoit le pollen de l'anthère. L'esprit séminal traversant le style, parvient jusqu'au terme pour féconder la semence. Les plantes ont souvent plusieurs styles, comme elles ont plusieurs étamines.

Les quatre parties que nous venons d'observer, le *calice*, la *corolle*, l'*étamine* et le *pistil*, constituent la fleur complète, si une seule manque, elle est incomplète. La plupart des fleurs réunissent les deux sexes ; elles sont *hermaphrodites*, d'autres sont *unisexuelles*. Le mâle et la femelle sont séparés : s'ils habitent sur le même individu, on les nomme *monoïques*, elles sont *dioïques* quand leur habitation est distincte.

Quelques plantes sont *polygames*, et réunissent des fleurs mâles, des fleurs femelles et des fleurs hermaphrodites. Les étamines se changent quelquefois en pétales, ce qui donne naissance aux fleurs doubles.

La *semence*, œuf du végétal, qui contient la plante future en abregé, est nue ou renfermée dans un fruit. Sa partie principale et intérieure est la *plan-*

tule composée de la *plumule* et de la *radicule* Cette plantule est le point *vital*, elle est placée au milieu des *cotylédons*, qui épurent la nourriture donnée à l'embryon. Cette nourriture passe par la *cicatrice*, petite fosse extérieure qui subsiste au lieu où la semence était attachée au fruit. Les *cotylédons*, qui emboîtent la plantule, la nourrissent des sucs qu'ils absorbent, jusqu'à ce qu'elle puisse elle-même prendre sa nourriture. Quelques plantes n'ont point de cotylédons : d'autres n'en ont qu'un ; le plus grand nombre en a deux.

Les travaux des botanistes ont porté le nombre des plantes décrites à plus de vingt-cinq mille : ils ont imaginé différentes méthodes pour les classer ; elles sont établies sur la forme des feuilles, la position des glandes, sur celles du calice, du fruit et de la corolle, sur le nombre et la situation des organes sexuels.

Nous recommandons à nos aimables lectrices, un ouvrage qui leur est dédié et qui a pour titre :

BOTANIQUE DES DAMES, ou méthode facile pour connaître les végétaux sans maître. Par un professeur de Botanique (*).

(*) LA BOTANIQUE DES DAMES se trouve à PARIS, chez DELARUE, quai des Augustins, 11. A LILLE, chez BLOCQUEL-CASTIAUX, libraire-éditeur. Prix : 8 francs.

La Botanique, cette science aimable, mais hérissée de difficultés dans la plupart des traités, est présentée sous les formes les plus séduisantes dans l'ouvrage que nous annonçons. Le style en est gracieux, plein d'agréments, et en rend la lecture fort attrayante. Mais l'utile n'a pas été sacrifié à l'agréable : les charmes de l'élocution n'ont pas fait négliger la science elle-même, on en a caché seulement l'aridité sous des ornements de bon goût. Le premier volume contient l'exposé général des principes faits avec autant d'exactitude que dans un livre essentiellement scientifique, il se fera lire avec beaucoup d'intérêt. Le second volume explique les diverses méthodes employées en botanique et un moyen très-simple de découvrir le nom de tous les genres de plantes qui croissent en France ; il renferme en outre un dictionnaire explicatif de tous les mots techniques communément employés ; il suffit donc pour faire connaître les plantes que nous foulons aux pieds dans nos promenades. Enfin le troisième volume renferme les planches qui rendent très-facile l'intelligence du texte.

Cet ouvrage a été réimprimé sous le titre de BOTANIQUE DE LA JEUNESSE. Cette édition dans laquelle on a retranché toutes les comparaisons galantes que l'auteur avait pu se permettre en s'adressant aux Dames, forme deux volumes qui se vendent 4 francs.

Note de l'Editeur.

LE JARDIN SUR LA FENÊTRE.

IL est bien difficile, à Paris, quelque riche que vous soyez, de posséder un jardin où vous puissiez faire plus de vingt pas. Ces jardins sont presque toujours humides, couverts d'arbres d'un vert triste, où les oiseaux se gardent bien de chanter et de faire leur nid. Ce sont là vraiment les prisons de Flore, et les lieux les plus propres du monde à donner des catarrhes et des rhumatismes, même durant les plus beaux jours.

Quant à moi, disait un habitant de Paris, mon jardin est sur ma fenêtre. Si je voulais vous en faire connaître tous les agréments, je vous dirais d'abord qu'il n'est jamais humide. Je pourrais aussi, au besoin, le comparer aux fameux jardins de Babylone, bâtis par Sémiramis, car il est suspendu comme eux. Je vous dirais qu'il est entouré d'une grille fort belle, et même dorée : cette grille est celle de mon balcon. Mais je ne veux point imiter l'auteur des descriptions dont parle Boileau :

> Je saute vingt feuillets pour en trouver la fin,
> Et je me sauve à peine au milieu des jardins.

Je dois seulement vous dire que mon jardin est placé sur des ais solides, liés entre eux par de fortes barres de fer. Je dis cela pour rassurer les personnes qui pourraient le regarder d'en bas ; et je ne veux point que Flore me brouille avec la police.

Malgré ces précautions, j'ai reçu quelques plaintes d'une jeune dame qui demeure au-dessous de moi. En arrosant mes fleurs, l'eau est tombée un jour sur un serin charmant placé à la fenêtre au-dessous de la mienne. Cet accident a dérangé pendant huit jours l'harmonie de la voix du petit animal.

J'étais chez cette dame, et je m'excusais de mon mieux de cet accident, lorsqu'une jeune personne de l'entre-sol vint se plaindre de certains inconvénients qui résultaient pour une robe nouvellement brodée, et placée à la fenêtre, de la cage du petit chanteur que les douches de mon jardin avaient enrhumé.

Cette circonstance rendit ma cause plus facile à plaider. Enfin, avec un peu de précaution, je suis aujourd'hui paisible possesseur de mon jardin. Le serin au-dessous de ma fenêtre me charme par son chant, et je crois que les feuillages de mon jardin réjouissent sa vue.

C'est aujourd'hui le 18 mai : c'est le moment de peupler mon jardin de plantes qui fleurissent en été. Jusqu'ici les hyacinthes, les jonquilles, les narcisses et la violette ont occupé tout le terrain : ils ont charmé mon odorat pendant les mois de mars et d'avril ; et un bouquet de ces fleurs que j'ai offert à une dame m'a valu un sourire dont je me souviendrai toute ma vie.

Il me faut d'abord, pour cet été, deux *cobea scandens*, qui formeront deux colonnes de feuillage le long de ma fenêtre, et se rejoindront ensuite en berceau.

Il me faut encore des liserons du Canada ; ils tapisseront les barreaux de mon balcon, et réjouiront ma vue par leurs jolies clochettes d'un bleu-de-ciel velouté.

Ici, je mettrai deux *tuya arborea*. Leurs longues fleurs, semblables à des trompettes, verseront une odeur pareille à celle de l'oranger.

Là, je planterai le *nerium oleander*, dont les fleurs sont d'un rose si agréable, et qui, présentant à-la-fois des feuilles semblables à celles du laurier, et des des fleurs charmantes, semble vouloir tour-à-tour couronner les guerriers et les belles.

NOTA. Cet article et le suivant sont extraits de l'*Abeille des Jardins*, charmant ouvrage de M. *Brès*, déjà cité page 123.

LE PAVILLON.

DANS une charmante comédie de Colin-d'Harleville, d'Orlange, continuellement occupé à bâtir des châteaux-en-Espagne, se croit près d'épouser une charmante personne, nommée Henriette; il fait déjà mille projets de réparations, de constructions dans la campagne de son beau-père. Après avoir préparé un nouveau plan pour le château, il s'écrie plein de joie :

Mais passons au jardin ; car c'est là que je brille.
Je fais d'abord ôter cette triste charmille ;
Bah ! je fais tout ôter. Nous avons du terrain,
Voilà tout ce qu'il faut pour créer un jardin :
J'en ai fait trente ; ils sont tous... dans mon porte-feuille.
Entre mille sentiers d'if et de chèvre-feuille,
Il est un bois bien sombre ; on y voit... rien du tout ;
Mais l'on est fort surpris, quand on arrive au bout,
D'y voir...Qu'y verra-t-on? un kiosque? un vieux temple?
Non. Je veux un réduit fort simple : par exemple,
Un petit pavillon, en-dehors fort uni,
Et plus simple au-dedans : le luxe en est banni.
L'on gâte la nature, et moi je la respecte.
Du pavillon moi seul je serai l'architecte ;

Je serai jardinier aussi : Je planterai
Des arbrisseaux, des fleurs ; je les arroserai,
Car j'aurai près de là quelque source d'eau pure,
Et tout autour de moi la plus belle verdure.
De ce lieu tout mortel est d'avance exilé ;
Mon beau-père et ma femme en auront seuls la clé.
Là, je rêve, je lis ; tapi dans ma retraite,
Je vois du coin de l'œil la timide Henriette
Qui voudrait me surprendre et marche à petit bruit ;
Retenant son haleine, elle ouvre et s'introduit...
Ah ! si la solitude est douce en elle-même,
Je sens qu'elle est plus douce auprès de ce qu'on aime.

La forme des pavillons peut varier à l'infini, surtout si on a égard à leurs ornements extérieurs. En effet, quelle variété se présente entre ceux qui sont revêtus de colonnes de marbre, et ceux dont le bois en grume et conservant son écorce fait le plus grand ornement ! Un peintre préférerait ces derniers ; mais il est plus d'une petite-maîtresse qui redouterait les insectes qui viennent se loger sous les écorces de ce bois pittoresque malgré les vernis dont on peut le couvrir. Il est aussi très-naturel de balancer lorsqu'il faut choisir entre le toit couvert de chaume et le toit couvert d'ardoise : l'ardoise est d'un bleu charmant au milieu des feuillages d'un parc ; le chaume, aux yeux de l'artiste, a les tons les plus chauds, les plus variés et les plus pittoresques. Le héros de la comédie de Colin-d'Harville eût voulu sans doute avoir un pavillon de chacun de ces genres différents.

TABLE

ALPHABÉTIQUE ET EXPLICATIVE

DE

QUELQUES-UNS DES MOTS TECHNIQUES

Employés dans le petit abrégé

DE BOTANIQUE.

AIGUILLON. Les aiguillons pointus et menaçants comme les épines, sont les fidèles gardiens des tendres fleurs dont elles défendent l'approche ; mais ils cèdent bientôt si l'on sait les prendre avec adresse ; il suffit de presser leur base pour les faire tomber, car ils ne sont pas continus avec les fibres du bois, ils n'adhèrent qu'à la superficie de l'épiderme. Aussi on ne peut regarder les aiguillons comme des rameaux endurcis et stériles ; ils sont analogues aux poils des plantes, la culture peut leur faire perdre leur rudesse et leur dureté, les rapprocher, en un mot, de la nature de ces derniers organes. Les caractères que nous venons de donner suffisent pour faire reconnaître les aiguillons ; il est utile de les dintinguer des épines : lecteur, sachez le bien, les roses n'ont pas d'épines.

ANTHERE. Voyez Etamine.

CALICE. La verte prison qui retenait captif le bouton frais qui naît au jour, cette tunique exactement close qui dérobait aux regards les beautés de la fleur à peine formée, constitue ce que les botanistes ont nommé *Calice*. Cet organe est donc l'enveloppe la plus extérieure de la fleur.

CHAUME. C'est la tige apparente du *blé* et des autres graminées.

COROLLE. C'est la partie presque toujours colorée de la Fleur : entourée du Calice, elle sert d'abri aux organes de la fructification qu'elle entoure elle-même. Les couleurs les plus vives, les nuances les plus fugitives, la suavité des parfums, la grâce des formes, la délicatesse de son tissu font de la corolle la parure la plus belle, mais hélas! la plus passagère des fleurs ! Le moindre contact, le souffle le plus léger flétrirait cet organe enchanteur qu'il faut respecter comme cette modestie céleste, cette divine candeur que la pensée seule pourrait souiller.

On nomme *Pétales* les feuilles qui composent la *Corolle*.

La Corolle peut être formée d'une seule partie ou de plusieurs : elle est appelée *Monopétale* quand elle est formée d'une seule pièce qui forme un cercle complet autour du *Réceptale* (centre de la fleur); *Polypétale* quand elle est formée de plusieurs pièces distinctes.

COTYLÉDONS, feuilles primaires de la plante.

EMBRYON. L'embryon est cette partie vivante de la graine, celle qui doit se développer dans la germination.

EPINE. Les épines sont ces corps durs, piquants; armes défensives des végétaux. Elles écartent les animaux avides, et la main de l'homme lui-même est ensanglantée par leurs blessures.

ETAMINE. L'Etamine est le mari fidèle que la nature a choisi pour le pistil; c'est elle qui communiquera aux graines le souffle créateur, qui, semblable au feu de Prométhée, fera circuler la vie dans des êtres encore engourdis par la froideur du néant.

Cet organe, dont les mystérieuses fonctions et l'admirable organisation font le sujet de l'éternelle méditation d'un esprit observateur, se compose de trois parties :

1.° Le *Filet*, qui n'est point essentiel et qui manque quelquefois ; c'est une partie souvent mince et filiforme qui supporte l'*Anthère* ;

2.° L'*Anthère*, petit sac, divisé souvent en deux poches et contenant le *Pollen* ;

3.° Le *Pollen*, matière ordinairement pulvérente, dont les grains sont remplis d'un fluide volatile qui est le véritable agent fécondateur, et qu'on nomme *Aura Pollinaris*.

FEUILLES. Les feuilles, présent du printemps dont elles sont la première et la plus agréable parure, sont formées par le dernier épanouissement des fibres de la tige ; véritables racines aériennes elles puisent dans l'atmosphère tous les éléments qui peuvent servir à la nourriture des végétaux, mais elles s'étendent en membranes fines et élégantes ; leur contour est varié, leurs mouvements sont pleins de grâce et d'aisance ; leur couleur agréablement nuancée, modeste et pleine de douceur, flatte agréablement tous les yeux. Elles donnent à la terre et l'ombre et la fraîcheur. Elles font l'ornement de l'arbre dont elles entretiennent la vie, et répandent sur lui le charme de la jeunesse.

Les feuilles sont ordinairement formées de deux parties ; 1.° un support particulier qu'on nomme vulgairement *queue de la feuille*, et que les botanistes connaissent sous le nom de *pétiole* ; il manque quelquefois ; 2.° une partie souvent mince et membraneuse, mais quelquefois plus charnue, qu'on nomme le *disque* ou le *limbe*.

Le disque est formé par les fibres qui composent le pétiole, et qui en se séparant, se ramifiant et se réunissant, forment un réseau plus ou moins compliqué dont les mailles sont remplies par un tissu tendre, mince, remplie d'une matière verte, et qu'on nomme *parenchyme*.

On appelle *nervures* les fibres qui forment le réseau : celles-ci offrent des dispositions fort diverses : le plus souvent les nervures *secondaires* naissent du côté d'une nervure qui occupe le milieu de la feuille et qu'on nomme nervure *médiane*; d'autres fois les nervures secondaires naissent de la base de la feuille, ou autour du sommet du pétiole, quelquefois les nervures sont parallèles et ne se ramifient pas en réseaux comme dans l'*Iris*, le *Lys*.

FILET. Voyez *Etamine*.

FLEUR. La fleur est composée de quatre parties principales :

1.° Le *Pistil*, qui occupe le centre ; c'est lui qui renferme en son sein et protège avec tendresse les germes des enfants nombreux qui perpétueront les belles et utiles lignées des végétaux.

2.° L'*Étamine* qui, placé à côté du pistil et lui faisant une cour assidue, communique aux jeunes êtres que nourrit ce dernier, l'étincelle rapide qui donne le mouvement et la vie.

3.° La *Corolle*, élégant et fastueux tissu que la nature a déployé comme une riche draperie autour de la retraite de l'étamine et du pistil.

4.° Le *Calice*, enveloppe plus ferme et plus solide qui forme comme le toit protecteur des mystères de l'hymen.

FRUIT. Le fruit est le résultat de la fonction que nous venons d'étudier ; il n'est rien autre chose que l'ovaire fécondé, développé, et portant dans son sein des graines qui ne tarderont pas à jouir d'une vie propre et indépendante. Il fut le but réel de la vie des plantes et de leur organisation : c'est pour le produire, le porter, le nourrir et l'abriter que semblent avoir été formées toutes leurs parties : leur charmante verdure, les robes éclatantes de leurs fleurs, les secrètes actions des étamines et du pistil, tout a été créé pour arriver à ce précieux résultat de la végétation. Maintenant la splendeur première du végétal est passée ; il a perdu une partie de sa fraîcheur et des charmes qu'il étalait ; mais il ne paraît pas attristé ; il y a plus de dignité, de noblesse et de bonheur dans son maintien. Si les attraits des végétaux sont moins frais, moins délicats, ils sont moins passagers. Lorsque l'oranger soutient ses pommes d'or, il me plaît davantage que lorsqu'il se couvre de ses fleurs odoriférantes; et qui ne préfère au passager éclat des guirlandes de Flore, les dons de Bacchus et de Pomone.

Le fruit est essentiellement formé de deux parties: 1.° une enveloppe extérieure, formée par les parois de l'ovaire, on la nomme *Péricarpe*; 2.° une partie renfermée dans le péricarpe, formée par l'ovule fécondé et développé, on la nomme *Graine*, c'est elle qui, en s'accroissant, forme un végétal semblable à celui qui l'a produite: ainsi dans le *Pavot* le péricarpe est cette coque dont Morphée extrait ses sucs soporifiques; ses graines sont les grains nombreux dont l'industrie humaine a tiré une huile très-douce; dans l'*Amande* le péricarpe est formé par l'enveloppe coriace qui entoure la partie ligneuse et par cette partie elle-même; la graine est le corps placé dans l'intérieur.

GRAINE. La *Graine* ou la *Semence* est la partie essentielle du fruit; c'est elle qui renferme le nouvel être qui doit bientôt rompre ses enveloppes, grandir et former un végétal parfait, c'est pour protéger ce corps si frêle, qu'il serait écrasé par le moindre choc; si tendre, si délicat, qu'il serait desséché par le moindre souffle, c'est pour le conserver, le garantir et le défendre, que le fruit du *Cocotier* se couvre d'une épaisse couche de fibres ligneuses, que la *Noix* durcit son bois, que la baie de l'*Alkékenge* se cache dans son calice gonflé, que le *Maronnier* s'arme de dures épines, que la *Groseille* et le *Raisin* sécrètent leurs sucs réparateurs, et que le *Cotonnier* prépare ce duvet doux et chaud que la mère soigneuse lui envie pour entourer les membres délicats de son tendre nourrisson.

HAMPE. Voyez *Tige*

OVAIRE. Voyez *Pistil.*

PÉDONCULE. Le Pédoncule est ce que vulgairement on nomme la *queue de la fleur*

PÉTALES. On nomme ainsi les feuilles qui composent la partie de la fleur nommée *Corolle*. Voyez ce dernier mot.

PÉTIOLE. Voyez *Feuille.*

Pistil. Le Pistil est l'organe à qui sont confiés les doux soins de la maternité ; c'est lui qui renferme et nourrit dans son sein les rudiments des graines, et qui leur transmet l'excitabilité vitale après avoir reçu l'influence vivifiante des étamines. Objet de toutes les prédilections de la nature qui a mis en lui toutes ses espérances, il occupe le centre de la fleur, et se trouve protégé par mille attentions délicates ; tantôt *solitaire*, tantôt *multiple*, il remplira également bien ses fonctions importantes.

Le Pistil est formé de trois parties :

1.° L'*Ovaire*, partie renflée, formant la base du pistil, et contenant une ou plusieurs cavités dans lesquelles sont placés les rudiments des graines qu'on nomme *Ovules*.

2.° Le *Style*, partie filiforme, partant ordinairement du sommet de l'ovaire et supportant le stigmate ; quelquefois le style n'existe pas, alors le stigmate est *Sessile* sur le sommet de l'ovaire.

3.° Le *Stigmate*, organe souvent glanduleux et humide, porté par le style et destiné à absorber la vapeur fécondante échappée du pollen.

Plantule. Plante au moment de la germination.

Plumule. Premier bourgeon de la plante.

Pollen. Voyez *Etamine*.

Racine. La *Racine* n'a rien qui puisse charmer la vue, mais ses fonctions sont du premier ordre.

Comme cette classe de citoyens obscurs, mais indispensablement nécessaires, qui soutient et nourrit les états, la racine sert d'appui au végétal et lui fournit les sucs nutritifs. Quelques plantes sont errantes, telles sont les lenticules qui flottent à la surface des eaux tranquilles ; mais presque toutes sont fixés à la terre et surtout ces géants du règne végétal, qui, comme Antée, tirent leurs forces du sein de leur mère. La racine est souvent formée d'une partie indivise qu'on nomme le *corps* et de fibrilles très-déliées, qu'on nomme *chevelu* et qui sont formés par le corps. La racine est constituée par les fibres qui ont pris naissance dans la tige, et qui se ramifient à leur extrémité inférieure ; elle commence au collet et s'enfonce ordinairement dans la terre, pour y puiser les sucs divers qui doivent alimenter le végétal.

RADICULE. La *Radicule* est le rudiment de la racine : c'est un tubercule qui se continue avec l'extrémité inférieure de la *Tigelle* (partie qui représente la *tige*) et qui se développant produit la racine.

SEMENCE. Voyez *Graine*.

STIGMATE. Voyez *Pistil*.

STYLE. Voyez *Pistil*.

TIGE. C'est la partie du végétal qui sert de support à toutes les autres ou plutôt leur donne naissance. La tige se nomme *Hampe* lorsqu'il s'agit de plantes bulbeuses; *Chaume* dans les graminées, comme le blé; *Tronc* dans les arbres.

TRONC. Voyez *Tige*.

TABLE

DES MATIÈRES CONTENUES DANS CE VOLUME.

Avis de l'éditeur. page 7

Calendrier de Flore. 13

Fleurs qui se montrent en hiver. 15

— au printemps 17

— en été. 19

— en automne. 21

Vocabulaire emblématique des plantes, des fleurs, des feuilles et des fruits. 25

Nomenclature des sentiments exprimés par une seule plante ou par une seule fleur. 55

Allégorie que présente la réunion de quelques fleurs. 65

Emblêmes tirés des hommes célèbres. 67

Symboles tirés des animaux. 75

Emblêmes tirés de différents objets. 83

Symboles et enseignes caractérisant les peuples anciens. 89

Emblêmes des heures du jour. 93

Animaux consacrés aux dieux du paganisme. 97

Arbres et plantes consacrés aux mêmes dieux. 101

Mois des Romains consacrés aux mêmes dieux. 105

Emblêmes des couleurs. 107

Emblêmes des couleurs réunies. 111

Couleurs appliquées aux éléments. 114

— aux saisons. ibid.

— aux douze mois de l'année. ibid.

Horloge de Flore. 115

Montre solaire de Flore. 123

Manière de grouper les fleurs pour en faire ressortir les beautés. 127

Bouquets allégoriques. 133

Bouquet d'amour filial. 135

Bouquet à la reconnaissance. 139

Bouquet d'amour. 141

Jeu des fleurs. 143

Physiologie des plantes, ou petit abrégé de botanique. 147

Le jardin sur la fenêtre. 156

Le pavillon. 159

Table alphabétique et explicative de quelques-uns des mots techniques employés dans le petit abrégé de botanique. 161

FIN DE LA TABLE.

COMPLÈTE

DU RÉBUS,

OUVRAGE ILLUSTRÉ

Par 800 *petites Figures,*

Et rédigé

Par BLISMON.

A PARIS,

Chez DELARUE, Libraire, quai des Augustins, 11.

Cet ouvrage indispensable à toutes les personnes qui fréquentent la société, fournit le moyen d'expliquer avec facilité, les rébus qui accompagnent les bonbons offerts dans les festins.

Ce joli volume se vend. 1 50

LE CONFIDENT DISCRET, ou l'art de correspondre de manière à n'être compris que par ceux avec lesquels on est d'intelligence, volume in-18. » 75

Ce volume contient 1.° un grand nombre de procédés pour faire des encres sympathiques, à l'aide desquelles on peut écrire des lettres dont les caractères ne deviennent visibles qu'à la volonté de ceux qui les reçoivent; 2.° plusieurs nouveaux alphabets changeants, au moyen desquels on peut entretenir une correspondance qui sera inintelligible pour tout autre que les intéressés; 3.° les moyens à employer pour faire paraître les caractères écrits avec les diverses encres sympathiques connues; 4.° la manière de déchiffrer sans en avoir la clef, toutes les lettres dans la rédaction desquelles on s'est servi des alphabets et des chiffres occultes qui ont été employés jusqu'à ce jour; 5.° enfin, un *Vocabulaire enigmatique* qui permet à une personne qui ne connaît pas le latin, d'écrire en cette langue, à une autre personne qui ne le connaît pas davantage, et d'en recevoir une réponse, sans craindre de voir découvrir le sens de cette correspondance, attendu que la vie d'un homme ne suffirait pas pour tracer la multitude de combinaisons auxquelles ce vocabulaire peut donner lieu, mais dont le nombre peut s'exprimer par la réunion des chiffres ci-après :

(1,000,000,000,000,000,000,000,000,000,000).

LA

SIBYLLE

COULEUR DE ROSE.

LES ORACLES

DU DESTIN,

Recueillis par ALIFOUR,

Hiérogliphile.

Ce volume de format in-40 est dans une de ses parties, imprimé sur papier blanc, dans une autre sur papier jaune, et dans une troisième partie sur papier rose. Prix : broché. » 75

Ciceron dit que les oracles ont été ainsi appelés parce qu'ils renferment en eux la parole de Dieu. Ces oracles étaient presque toujours des réponses à des questions qu'on sollicitait, suivant le plus ou moins grand intérêt qu'on avait à les entendre prononcer. Les plus anciens oracles sont ceux de l'Egypte et de l'Orient en général. Parmi eux l'oracle de Dodone eut une réputation qui a fait conserver d'âge en âge ses réponses auxquelles on a attribué un caractère divin. Plus tard s'établit l'oracle de Delphes, que sa liaison intime avec le tribunal suprême des amphictions de Pyles, rendit bientôt le plus important de tous.

On consultait Jupiter à Elis et dans une grotte de la Crète. Apollon à Délos, où le bruit des arbres agités par le vent répondait aux questions Il faut citer encore parmi les plus considérés, l'oracle de Trophonius, à Libadie, en Béotie Junon répondait sur le territoire de Corinthe ; Hercnle à Bura en Achaïe ; Bacchus à Amphiclée dans la Phocide. Rome consultait principalement les oracles sibyllins d'Albunée et de Cumes. A Antium, il y avait des statues de la Fortune qui répondaient par des signes de tête.

Le premier auteur qui ait fait mention des sibylles parait être le philosophe Héraclite. On regardait les sibylles comme inspirées par un Dieu, au nom duquel elles rendaient des oracles Le nombre des femmes prophétisant dans les différentes parties du monde est inconnu ; les principales pour ne pas dire les seules ayant un véritable credit, sont : l'Erithréenne, la Sardienne, la Cuméenne.

Cette dernière, née à Cumes dans l'Eolide, appelée aussi *Démophile*, *Hérophile*, *Amalthée*, offrit à Tarquin l'ancien de lui vendre ses neuf livres de prédictions. Le roi ne voulant pas lui donner le prix qu'elle en demandait, elle en brûla trois, et demanda la même somme des six autres. Tarquin ayant persisté dans son refus, elle en brûla encore trois, et exigea toujours le même prix des trois autres Le monarque surpris de cette opiniâtreté, lui donna enfin pour ces trois livres la somme qu'elle avait demandée pour le recueil entier ; la femme disparut et jamais on n'en entendit parler. Tarquin confia la garde de ces livres à un collége de prêtres. On les consultait dans les grandes calamités, mais on ne pouvait le faire sans un décret du sénat.

Les réponses qu'on obtenait des oracles et des sibyles étaient toujours obscures ou à double sens, ce qui contribuait à les accréditer ; car à cause de cette ambiguité, il était rare qu'on ne put, après l'événement, expliquer et trouver exacte leurs prophéties.

Les réponses que le hazard fera aux questions choisies dans ce petit volume, en procédant ainsi que nous allons l'indiquer, sont extraites des livres sibyllins, et doivent être interprétées dans bien des cas, selon l'état, le sexe et l'âge du consultant. Quelquefois on n'en pourra tirer aucune interprétation, alors il faudra en conclure que la sibylle n'a point voulu répondre et il faudra se consoler de son silence.

Notre volume renferme *cent-vingt demandes* et *cent-quarante réponses*. Ces dernières sont pour la plupart applicables à la première demande choisie, et donnent lieu à seize mille huit cents différentes applications, qui peuvent à leur tour, donner lieu a un grand nombre d'interprétations plus sérieuses ou plus originales les unes que les autres, ce qui a fait dire à un homme fort aimable des cercles brillants de Paris, que « *la Sibylle couleur de rose* pouvait » à elle seule, amuser et intéresser la plus nombreu- » se réunion dans laquelle elle aurait été admise ; » alors même que tout d'abord, on n'aurait fait que » la jeter sans prétention, presque même avec indif- » férence, au milieu d'une table. »

Choisissez une des cent-vingt demandes imprimées sur papier jaune ; page 26 à 43 fermez les yeux et jetez sans précaution le volume sur la table, ouvrez-les yeux et reprenez ce volume tel qu'il se présentera à vous (la tête ou la queue en bas) ; puis ouvrez au hazard, la partie imprimée sur papier rose et qui contient les cent-quarante réponses, celle qui se présentera à votre droite, sera l'oracle prononcé par notre sibylle. Si la réponse ne pouvait point absolument s'appliquer à la demande ou si la page ne présentait qu'une figure, il faudrait en conclure que la sibylle n'a point voulu s'expliquer dans le moment, et il faudrait respecter son silence, sans la tourmenter en répétant la même question ; peut-être la trouvera-t-on mieux disposée quelques heures après.

LES MILLE ET UN SECRETS, remèdes et procédés utiles, nouveaux et éprouvés. Trésor de la Toilette, de la Santé et d'Economie domestique, dédié aux Dames, par Blismon; volume in-32 de 540 pages, renfermé dans un étui. 2 »

Cet ouvrage contient : 1.° Des secrets pour embellir, soigner et conserver toutes les parties du corps; 2.° La Méthode de s'habiller et de se coiffer convenablement; 3.° Les meilleurs moyens de blanchir le linge, les étoffes de coton, la dentelle et les autres objets délicats; 4.° Des procédés pour le nettoyage des étoffes de soie ou de laine, des chapeaux de paille, etc., etc.; 5.° De nombreux secrets pour enlever les tâches de toute nature sur les étoffes de laine, de soie, de lin, colorées ou non, et sur celles brodées en or ou en argent; 6.° Des procédés pour assainir les appartements et y maintenir la propreté, ainsi que pour nettoyer les meubles et les ustensiles de toute espèce; 7.° Des moyens pour détruire les petits animaux incommodes; 8.° Une quantité de secrets d'économie domestique, etc. 9.° Les préceptes les plus importants sur la manière de se conserver en santé; 10.° Des remèdes contre certaines maladies, et contre les accidents qui altèrent la beauté de chacune des parties extérieures du corps; 11.° Des remèdes éprouvés contre les maladies légères qu'on traite habituellement soi-même; 12.° Les moyens les plus efficaces et les plus simples à employer dans les cas pressants qui réclament les secours de la médecine, etc., etc.

CHOIX DE LIVRES

POUR CADEAUX OU ÉTRENNES.

ALBUM DIAMANT, ou mon cadeau d'étrenne (20 lithographies), in-8 grand raisin, proprement cartonné, doré sur tranche, plaque en or 6 »

NOUVEL ALBUM PITTORESQUE, ou les Etrennes de l'Amitié, composé de vingt cinq belles lithographies, et publié par De Rinmon. Cartonné doré sur tranche. 5 »

AVIS D'UNE MERE A SA FILLE, par M.me la marquise de *Lambert*, in-18, veau marbré, ou cart. avec étui, doré sur tr. 3 »

BEAUTE MORALE DES JEUNES FEMMES, in-18 grand raisin, 8 figures très-bien coloriées, doré sur tranche, cartonnage étui, plus ou moins élégant, de 6 à 12 francs.

MON CADEAU D'ETRENNES, composé de vingt-cinq lithographies, publié par De Rinmon, grand in-8, proprement cartonné, doré sur tranche. 5 »

CHOIX DE LECTURES POUR LES DAMES, in-18, 7 gravures, carton-étui, doré sur tranche. 5 »

HISTOIRE NATURELLE EN MINIATURE, 100 sujets gravés, in-18., carton-étui, doré sur tranche. 4 »

Idem, veau gaufré. 3 50

LE KEEPSAKE DES JEUNES PERSONNES, étrennes pour la présente année (20 lithographies), in-8 grand raisin, oblong, cartonné et doré sur tranche. 6 »

NOUVEL ALBUM, *Véritable Gage d'Amitié* (20 lithographies), in-4 grand raisin, cartonné et doré comme ci-dessus. 10 »

LE KEEPSAKE BIJOU, nouveau gage d'amitié, grand in-4, illustré par MM. *Léger* et *De Férussac*, texte imprimé avec le plus grand soin, cartonné, doré sur tranche. 10 »

LE KEEPSAKE DES JEUNES GENS, étrennes pour la présente année, contenant 50 sujets, portraits, paysages, etc., etc., grand in-4, caatonné, doré sur tranche. 10 »

LE MERITE DES JEUNES MERES, in-18, 12 figures, carton-étui, doré sur tr. 3 »

Idem, figures coloriées. 5 »

LE LIVRE MIGNARD, ou la fleur des fabliaux, choix de contes et fabliaux, les plus gracieux des 11.e, 12.e et 13.e siècles; in-12, orné de 6 charmantes gravures coloriées, cartonné, doré sur tranche. 6 »

LA MINERVE DES DAMES, in-18, 32 gravures, carton-étui, doré sur tranche. 4 »

LE MIROIR DES DAMES ET DE LA JEUNESSE, in-16, 20 gravures, carton-étui, doré sur tranche. 3 »

LE MIROIR DES GRACES, in-18, 12 figures coloriées, carton-étui, doré sur tr. 5 »

LES MOIS, figurés en douze gravures, etc. in-8, carton-étui, doré sur tranche. 3 »

L'ORIGINE DES FLEURS, iu-18, figures, carton-étui, doré sur tranche. 3 »

LES PETITES FAMILLES, in-18, 12 gravures, carton-étui, doré sur tr. 4 50

RECUEIL DE MORALES, ou cours de vertu, in-18, 16 gravures coloriees, carton-étui, doré sur tranche. 4 »

LES ROSES MATERNELLES, in-18, orné de jolies gr., carton-étui, doré sur tr. 3 »

LA TENDRESSE FILIALE, in-16, 9 grav. carton-étui, doré sur tranche. 3 »

Le même ouvrage, figures coloriées. 4 50

LA TENDRESSE MATERNELLE, in-16, 9 gravures coloriées, carton-étui, doré sur tranche. 4 »

VIE DE BLANCHE DE CASTILLE.
— HENRI IV, roi de France.
— M.me DE LA FAYETTE.
— M me DESHOULIERES.
— M.me DE LA VALLIERE.
— M.me DE MAINTENON.
— M.me DE SÉVIGNÉ.
— M.me ÉLISABETH, de France.
— MARIE-ANTOINETTE, reine de F.
— MARIE-LECZINSKA, reine de F.
— MARIE-THÉRÈSE, d'Autriche.

Les onze ouvrages ci-dessus de format in-18, sont ornés de portraits et de gravures. Ils se vendent cartonnés, avec étui, dorés sur tranche. 2 50

LILLE. — TYP. DE BLOCQUEL-CASTIAUX.

www.ingramcontent.com/pod-product-compliance
Ingram Content Group UK Ltd.
Pitfield, Milton Keynes, MK11 3LW, UK
UKHW022104260726
13993UKWH00001B/324